张辉　商鹏　曹长仁　主编

化学工业出版社

·北京·

图书在版编目（CIP）数据

藏猪常见疾病防治手册/张辉，商鹏，曹长仁主编．—北京：化学工业出版社，2023.8

ISBN 978-7-122-43591-0

Ⅰ.①藏…　Ⅱ.①张…②商…③曹…　Ⅲ.①猪病-防治-手册　Ⅳ.①S858.28-62

中国国家版本馆CIP数据核字（2023）第100992号

责任编辑：邵桂林　　装帧设计：史利平

责任校对：刘　一

出版发行：化学工业出版社（北京市东城区青年湖南街13号　邮政编码100011）

印　　刷：北京云浩印刷有限责任公司

装　　订：三河市振勇印装有限公司

850mm×1168mm　1/32　印张6¾　字数97千字

2023年9月北京第1版第1次印刷

购书咨询：010-64518888　　售后服务：010-64518899

网　　址：http://www.cip.com.cn

凡购买本书，如有缺损质量问题，本社销售中心负责调换。

定　　价：39.80元

版权所有　违者必究

编写人员名单

主　　编　张　辉　商　鹏　曹长仁

副主编　常振宇　张　健　李　英　强巴央宗

其他编写人员（按姓氏笔画排序）

扎西卓玛　甘富斌　叶幼荣

田佩佩　严飞飞　李奥运

吴庆侠　吴晓梅　何永平

陆锋辉　陈永健　陈博涵

欧　珠　罗润波　赵　津

段梦琪　姜　楠　洛桑旦达

董海龙　蔡秋香

前言

藏猪主产于青藏高原，是世界上少有的高原型猪种，也是我国国家级重点保护品种中唯一的高原型猪种。藏猪肉质优良、口味独特，肌肉内氨基酸含量高且比例适中，因其体型小可在医学及遗传学的研究中作为典型的动物模型。为了能适应高海拔地区少氧、恶劣的气候和粗放的饲养管理条件，藏猪进化为具有四肢结实、抗病力强、耐粗饲等特点。藏猪养殖可以为人类带来可观的效益，但是其半野生饲养模式、食物来源混杂、野外放养等因素为疫病多发提供了条件。近年来，疫病一直是藏猪养殖的主要威胁，造成了相当大的经济损失，并对藏猪的生产带来了影响。

针对藏猪养殖中存在的问题，为了科学指导和推进藏猪疫病的综合防控、保障和实现藏猪产业的可持续、健康发展，我们编写了本书。本书主要介绍了藏猪常见疫病的种类和综合防控技术、近年来藏猪传染病疫情调查分析以及藏猪免疫接种规程和药物防治等，内容翔实、可读性强。本书与生产实践紧密结合，可指导基层兽医和动物防疫与检疫人员进行疫病防控，也可以作为畜牧兽医及相关专业学生和研究人员的参考资料。

参加本书编写的人员来自以下单位：华南农业大学兽医学院（张辉、李英、田佩佩、陈永健、吴晓梅、赵津、蔡秋香、陈博涵）、西藏农牧学院（商鹏、常振宇、张健、强巴央宗、吴庆侠、董海龙、段梦琪、叶幼荣、罗润波、严飞飞）、广东省农业农村厅（曹长仁）、林芝市农业农村局（何永平、甘富斌、姜楠、洛桑旦达、陆锋辉、欧珠、扎西卓玛）、河南农业大学（李奥运）。

本书编写过程中得到了广东省第十批援藏工作队的资助和支持，并得到了相关专家的悉心指导，他们提出了宝贵意见并审定了全书，在此表示诚挚的谢意。

本书的出版得到“十四五”国家重点研发计划（2022YFD1600904）的资助和支持，在此表示感谢。

本书在编写过程中还得到了广东省第十批援藏工作队的资助和支持，并得到相关专家的悉心指导，他们提出了宝贵意见并审定了全文，在此表示诚挚的谢意。

在编写过程中，鉴于编者知识结构、水平和经验有限，书中难免有不足之处，敬请广大读者批评指正，以便今后修订完善。

编 者

2023年7月

目录

第一章 藏猪病毒病

第五章

藏猪其他病 —— 150

第一章
藏猪病毒病

第一节　猪德尔塔冠状病毒病

猪德尔塔冠状病毒（PDCoV）是冠状病毒科、冠状病毒亚科、δ冠状病毒属成员，是有囊膜的单股正链RNA病毒。它是一种新型的猪肠道致病性冠状病毒，易引起仔猪严重腹泻、呕吐甚至死亡。若不积极采取有效的预防和治疗措施，猪只会由于严重脱水和电解质的大量流失而死亡，造成一定的经济损失。

【流行特点】猪德尔塔病毒传播性极强，病猪和带毒猪是主要传染源。病毒通过粪便、乳汁、唾液等分泌物排出体外，污染饲料、饮水及周围环境，通过消化道传染其他健康猪只。成年藏猪常出现腹泻，哺乳仔猪死亡率高。潜在传播途径为气溶胶传播。该病一年四季均可发生。

【临床特征】本病对哺乳仔猪危害最大。猪德尔塔病毒经仔猪消化道感染，发病突然，传播迅速。疾病初期病猪表现为精神沉郁、食欲下降，出现持续性水样腹泻，伴有呕吐、脱水，甚至衰竭死亡，病死率30% ～ 40%，有时可高达98%以上。育肥猪和母猪发病轻微，短暂腹泻，可不治自愈，死亡率较低。与猪流行性腹泻等冠状病毒病的临床表现相似，但程度相对较轻，不过生产性能和饲料报酬会受到严重影响。

【病理剖检】猪德尔塔病毒主要侵害藏猪的小肠，特别是空肠与回肠。剖检可见胃和小肠内中含未消化的凝乳块，小肠肠管明显扩张，肠腔内有大量淡黄色液体，肠壁薄而透明，肠绒毛严重萎缩，小肠黏膜充血、出血，肠系膜呈索状充血等，感染严重的病猪胸腔腹腔积液；组织病理学切片显示感染藏猪小肠发生多灶性弥漫性绒毛萎缩，绒毛上皮细胞出现肿胀、空泡化；组织学检查发现，病变具有萎缩性肠炎的特征，主要在空肠和回肠，其特征是肠绒毛萎缩。

【诊断要点】猪德尔塔病毒病临床症状与其他冠状病毒病临床表现相似，且会出现混合感染的情况，不能仅通过临床诊断和病理剖检进行确诊，需要结合实验室诊断。目前，猪德尔塔病毒可以采用病毒分离鉴定、病毒核酸检测（实时荧光定量PCR、RT-PCR）、酶联免疫吸附试验（ELISA）、病毒中和试验（VN）等进行诊断。这些诊断方法特异性高、敏感性强，均可用于本病的确诊。

【防治要点】本病的预防措施主要是加强断奶前后仔猪的饲养管理。母源抗体是仔猪抗病的第一道防线，应尽早帮助仔猪吸吮初乳。确保仔猪圈舍卫生干净、通风良好，避免仔猪接触到被污染的物品，定时消毒，粪便无害化处理。确保营养均衡以提高机体的免疫力与抗病力。除此之外，应该定时有效地组织藏猪接种预防PDCoV的疫苗及多联苗，根据当地疫情实际情况制定合理的免疫程序，增强藏猪的抗病力。

第二节　猪流行性腹泻

猪流行性腹泻是由猪流行性腹泻病毒（PEDV）引起的高度接触性急性传染病，可引起藏猪群水样腹泻、精神沉郁、脱水。流行性腹泻病毒属于冠状病毒科、冠状病毒属，为具有囊膜的单股正链RNA病毒。该病毒可感染各个年龄阶段的藏猪，尤其以仔猪发病率、死亡率最高。

【流行特点】猪流行性腹泻病毒传播途径多种多样，

主要经消化道传播。传染源主要为病猪和带毒猪，发病藏猪的排泄物含有大量病毒，会污染周边环境，加快病毒传播。本病冬春季节发病率高、传染性强，不同年龄、品种藏猪都易感，但仔猪感染率最高。圈舍通风不良、饲养密度过大、消毒不彻底都是本病的诱发因素。

【临床特征】猪流行性腹泻潜伏期较短，人工感染猪流行性腹泻病毒后潜伏期为18～24h，自然感染的藏猪群一般在感染后5～7d出现典型的临床症状。仔猪感染初期，主要表现为腹泻、呕吐，病程持续3～4d，常因脱水而死亡，死亡率在80%以上；成年藏猪感染后，症状较轻，具体表现为精神沉郁、采食量下降、腹泻，一般在7～10d恢复正常，死亡率较低。

【病理剖检】感染猪流行性腹泻后，病猪典型的病理变化在小肠。小肠内充满大量淡黄色液体，胃内出现黄白色凝乳块，肠道明显扩张，肠壁变薄呈半透明状，肠黏膜上存在明显出血点，肠系膜淋巴结肿大，肠绒毛变短萎缩。同时，小肠中的各类消化酶活性降低，营养物质无法被完全吸收，加剧腹泻程度。大多数病猪严重消瘦，存在不同程度的脱水症状。

【诊断要点】可通过典型的临床症状做出初步诊断，如发病藏猪出现水样腹泻、呕吐、脱水等症状，但猪流行性腹泻与猪传染性胃肠炎临床症状相似。因此，实验室诊断是确诊该病最准确的方法。实验室诊断可以通过分离培养病毒、血清中和试验、免疫荧光检验、免疫电镜检测、酶联免疫吸附试验等方法确诊；还可以使用分子生物学方法，目前常用RT-PCR和荧光定量RT-PCR来检测样本中的猪流行性腹泻病毒。

【防治要点】目前对于猪流行性腹泻还没有有效的治疗方案。主要采取综合措施对该病进行预防。加强冬春季节的饲养管理，严禁从疫区购入仔猪，提高母猪母源抗体水平，在生产中坚持“防重于治”的理念，综合考虑藏猪的发病年龄、症状、程度等因素治疗疾病。当藏猪场及附近发生猪流行性腹泻时，应及时使用疫苗、干扰素等。目前我国使用较多的疫苗是弱毒苗、灭活苗以及基因工程苗。藏猪场应根据免疫接种方法和接种要求，做好妊娠母猪以及仔猪的免疫接种，一般母猪在妊娠前后分别注射一次猪传染性胃肠炎、猪流行性腹泻二联灭活苗，每头使用4mL，仔猪注射1～2mL。

第三节　猪流感

猪流感是由正黏病毒科A型流感病毒属的猪流感病

毒所诱发的一种急性、高度接触性疾病，该病具有较强的传染性，临床多以流涕、发热、咳嗽、呼吸困难为特征。通常会在同一区域内大范围流行，严重影响了藏猪的生长发育，导致育肥困难和繁殖障碍，不利于藏猪养殖业的可持续发展。

【流行特点】猪流感具有较强的传染性，发病率高、死亡率低，当与其他疾病混合感染时会导致更高的死亡率。本病可以通过空气或接触传播，病猪与带毒猪是该病的主要传染源，各个年龄、品种的藏猪都易感，感染后的病猪长期带毒。猪流感一年四季均可发生与流行，寒冷季节或天气骤变是发病的高峰期。

【临床特征】猪流感潜伏期较短，从几小时到数天不等，发病突然，通常为群发。患病初期病猪体温突然升高到40.3～41.5℃，表现为精神沉郁、食欲不振、卧地不起、肌肉和关节疼痛，并伴随打喷嚏、流涕、鼻炎、结膜炎、咳嗽等症状。随着病情的加重，还会出现呼吸困难，尤其是在行走时会出现张口呼吸的表现，有的患猪会并发关节炎。妊娠母猪患病后，显著降低哺乳仔猪的成活率。

【病理剖检】猪流感引起的病理改变多在呼吸器官，尤其是鼻咽、气管、支气管等部位出现黏膜红肿、充血等病理改变，表面存在黏稠的分泌物，支气管内充满泡沫样黏液，胸腔、心包等部位出现大量纤维素浆液堆积；出现病毒性肺炎，以尖叶和心叶最常见，肺部病变与正常组织存在明显的界限，病灶颜色多为红紫色，出现塌陷、纤维化改变；部分病猪出现脾脏肿大及颈部、纵隔、支气管淋巴结充血肿大的特征。

【诊断要点】可根据猪流感的流行特点、临床症状等对患病和疑似患病的藏猪进行初步诊断，但由于猪流感与大多产生呼吸道症状的疾病非常相似，若要进一步确诊还需进行实验室诊断。常用的检测方法有病毒分离试验、血清学诊断、分子生物学诊断等。一般可以从患病藏猪呼吸道样品中分离出猪流感病毒进行诊断。血清学诊断可应用血凝抑制试验、酶联免疫吸附试验、荧光免疫法等方式。分子生物学诊断可用RT-PCR法。

【防治要点】进行免疫接种和加强生物安全措施，根据当地的流行毒株制备特异性疫苗。保证藏猪舍环境卫生，注意防风袭和潮湿；加强养殖场的消毒卫生工作，有效降低病原的滋生与传播。养殖场应实行全封闭式管理，严禁外来人员随意进出，防止将病原微生物带入藏猪场内。饲养人员应严格把控饲料的来源和进行品质检验，保证饲料不被污染。对于症状较轻的患病藏猪可以使用卡那霉素、地塞米松和黄芪多糖等药物进行注射治疗，1次/d，连用4～7d，同时注射磺胺间甲氧嘧啶和复方氨基比林治疗，2次/d，连续用药4d。对于重症患猪，应按照600万单位/头肌内注射青霉素，同时注射300万单位/头的链霉素和50mL/头的安乃近以及适量的地塞米松，这样不仅能对患病藏猪进行解热镇痛，还能够防止患病藏猪产生继发感染。

第四节　猪戊型肝炎病毒病

戊型肝炎是由戊型肝炎病毒（HEV）引起的经粪口途径传播的急性人畜共患传染病，在世界范围内普遍发生，严重危害人类健康。

【流行特点】猪戊型肝炎病毒可感染藏猪、牛、鸡、犬、鼠及灵长类等动物，主要经粪口途径传播。健康藏猪通过直接接触或吞食被污染的饲料和水而感染此病。病毒可在肝脏、肠及淋巴结等器官中复制，绝大部分通过粪便排出体外，其他动物通过接触含有病毒的粪便感染，形成大面积感染的循环。

【临床特征】自然感染和人工感染猪戊型肝炎病毒的藏猪无明显临床症状，呈亚急性临床经过，繁殖性能不受影响，其潜伏期（从感染病毒到由粪便排毒）为1～4

周，但多数有肝炎的病理表现。经口感染后3d即可以在粪便中发现排毒。少数病猪呈现急性病毒性肝肿大、黏膜黄染甚至被毛黄染。

【病理剖检】急性感染病猪的肝脏和其他多个组织器官并未发现肉眼可见的病变，但在显微镜下可发现肝炎病变，伴有轻度局灶性肝细胞坏死的轻度和中度多灶性门脉周淋巴浆细胞性肝炎、轻度淋巴浆液性肠炎、多灶性淋巴浆细胞性间质性肾炎。

【诊断要点】鉴于藏猪感染HEV后无明显临床症状，对藏猪HEV感染的诊断要通过实验室手段来进行。现阶段主要应用免疫学诊断方法（如ELISA）和分子生物学诊断方法（如RT-PCR）等进行诊断。

【防治要点】藏猪的HEV阳性检测率比较高。住房或围栏结构上的不适当性导致藏猪有更大的概率接触被污染的食物和水，因此，它可能成为HEV的传播源。除此之外，研究已经发现生吃被污染的藏猪肉制品会感染HEV，由于一些居民喜食生肉，增加了HEV从藏猪跨种间感染人的现象。目前对于藏猪HEV感染仍然尚无有效的治疗方法，也没有特异性被动免疫和主动免疫制剂可供预防。控制戊型肝炎的关键仍是以切断传播途径为主的综合性预防措施。

第五节　猪繁殖与呼吸综合征

猪繁殖与呼吸综合征（PRRS）又称猪蓝耳病，是由猪繁殖与呼吸综合征病毒（动脉炎病毒科成员）引起的一种藏猪的高度接触性传染病，以妊娠母猪和仔猪最为常见。该病以母猪发生流产，产死胎、弱胎、木乃伊胎以及仔猪呼吸困难、高死亡率等为主要特征，严重危害全球养猪业生产。

【流行特点】猪繁殖与呼吸综合征发病率死亡率高，潜伏期较长，可以在藏猪的脾脏、淋巴、血液中潜伏4个月。猪是唯一感染本病并出现症状的自然宿主，不同年龄阶段的藏猪均可感染，母猪和仔猪最易感。感染藏猪和康复藏猪是主要传染源。本病主要经呼吸道水平传播和生殖道垂直传播，疾病发生多呈明显的季节性，尤以寒冷季节多发。

【临床特征】本病潜伏期可因地域季节不同而长短不一，病程通常为3～4周，最长可达6～12周。临床症状在不同的感染藏猪群中有很大差异。

母猪感染该病毒后，会表现采食量减少、体温升高、嗜睡，观察患病藏猪皮肤可见耳部发绀，且局部皮温降低。妊娠后期会发生早产、流产、死胎、木乃伊胎及弱仔。

保育和生长藏猪感染该病毒后体温升高至39.5～42℃，呈稽留热；精神沉郁、食欲不振，多数藏猪呼吸困难，有的腹泻或四肢关节肿胀；皮肤发红，后期耳尖、臀部皮肤发紫，迅速消瘦，多数死亡或成僵猪，少数康复。

育成藏猪表现为双眼肿胀、结膜炎和腹泻，并出现肺炎。

公藏猪感染该病毒后表现为性欲低下、射精量减少、精子活力降低、精液中有大量的异常精子，在感染病毒7～13周后精液水平逐渐恢复。

仔猪感染后的主要症状是呼吸困难和腹泻，患病严重的仔猪会出现肌肉震颤、结膜炎及眼睑浮肿等现象，生长发育极度迟缓，患病后死亡率非常高。

【病理剖检】剖检患病藏猪和病死藏猪可见间质性肺炎病变，同时伴有嗜中性粒细胞浸润的卡他性肺炎病灶；肾脏、脾脏、肝脏等组织器官可见出血点，扁桃体、胸腺、肠系膜淋巴结滤泡有巨噬细胞增生，皮下、肝脏、肠道等部位出现出血性、弥漫性、渗出性炎症；以及出现子宫内膜炎等病理变化。当出现继发感染时，常常发生间质性心肌炎、卡他性淋巴结炎及非化脓性脑炎等病变。

【诊断要点】根据临床症状可以做出大致判断，若要确诊则需要进行实验室诊断。病毒的分离与鉴定一般采集病猪的肺，死胎的肠和腹水，母猪血液、鼻液和粪便，处理后接种猪肺泡巨噬细胞或Marc-145细胞（猴肾细胞）培养，出现细胞病变（CPE）。用中和试验或间接荧光抗体试验鉴定；ELISA、RT-PCR方法和间接免疫荧光试验也可用于特异性诊断。

【防治要点】本病目前没有特效药物可以治疗，预防猪繁殖与呼吸综合征的主要手段是进行免疫接种，目前可用于预防该病的疫苗主要分为灭活疫苗和弱毒疫苗两种。除了制定合理的免疫程序，还需要采取综合防控措施，如切断传播途径、加强饲养管理、定期通风消毒，一旦发现疑似病例应尽快确诊，隔离病猪，对猪舍加强卫生消毒。只有采取科学的防治措施，才能降低发病率，减轻发病症状。

第六节　猪圆环病毒病

猪圆环病毒病是由圆环病毒属圆环病毒导致的藏猪

群免疫抑制类疾病，其中圆环病毒2型为主要病原，能引起仔猪断奶衰竭综合征、猪皮炎与肾病综合征、母猪繁殖障碍、猪增生性坏死性间质性肺炎、新生仔猪震颤等多种疾病，易继发或并发其他传染病，给全球养猪业造成严重的经济损失。

【流行特点】猪圆环病毒病的流行范围比较广泛，可在全球范围内流行。本病易感动物是猪，各种年龄、品种、性别的藏猪均易感，但对哺乳期及保育期的仔猪危害更严重。传染源为病猪和带毒猪，传播能力较强，病毒随病猪或带毒猪的排泄物和分泌物排出体外，污染饲料、饮水、圈舍土地或空气，健康藏猪群接触病毒后通过消化道和呼吸道感染，同时也可以通过垂直传播造成繁殖障碍性疾病。该病无季节特征，一年四季均可感染发病。

【临床特征】不同生理阶段的猪感染圆环病毒后临床症状有一定差异。

仔猪断奶衰竭综合征：多发于保育猪和生长期猪，表现为生长不良或发育停滞，病猪消瘦、被毛粗乱、皮肤苍白和呼吸困难。

新生仔猪先天震颤：主要是由患病母猪垂直传播导致。患病仔猪全身震颤，无法站立，往往发生震颤的仔猪无法正常吃奶，因机体无法摄取到能量而饿死。

猪皮炎与肾病综合征：多见于12～14周龄的藏猪，患病藏猪主要表现为体温升高、精神不振、皮肤出现不规则隆起，呈现周围红色或紫色而中央黑色的病灶，常蔓延至后躯和腹部、胸部。

猪增生性坏死性间质性肺炎：本病主要危害生长发育期的育肥藏猪，患病藏猪表现为生长发育速度减慢、厌食、体温升高、呼吸困难、嗜睡、被毛粗糙、皮肤苍白。

母猪繁殖障碍性疾病：多发于母猪不同妊娠阶段，但多见于妊娠后期，表现为流产、产死胎和木乃伊胎。

【病理剖检】仔猪断奶衰竭综合征：病死藏猪病理变化明显，淋巴结和肾脏有特征性病变。全身淋巴结，尤其是腹股沟、纵隔、肺门和肠系膜以及颌下淋巴结显著肿大。肾脏肿胀、灰白色，皮质与髓质交界处出血。

猪皮炎与肾炎：病理变化为出血性坏死性皮炎，双肾肿大、苍白，表面出现白色斑点。脾肿大并出现梗死。出现动脉炎、渗出性肾小球性肾炎和间质性肾炎，胸腔积液和心包积液。

猪增生性坏死性间质性肺炎：肺间质增宽和水肿，出现弥漫性间质性肺炎，颜色呈灰红色。

母猪繁殖障碍性疾病：后期流产的胎儿和死产小猪

肺脏出现微观病变，出现的病灶多为轻度到中度病变。肺炎以肺泡中出现单核细胞浸润为特征。大面积心肌变性坏死，伴有水肿和轻度的纤维化，还有中度的淋巴细胞和巨噬细胞浸润。

【诊断要点】根据患病藏猪的临床症状结合流行病学特点可进行初步判断，但确诊应借助实验室诊断技术。病毒分离鉴定多采集淋巴结、肺脏和脾脏作为样本，接种PK-15细胞培养，随后用免疫荧光试验或PCR技术鉴定；此外，还有电镜检查、免疫组化技术、ELISA等。临床上还应注意与猪瘟、猪繁殖与呼吸综合征、猪丹毒、猪渗出性皮炎等鉴别诊断。

【防治要点】尚无特异性治疗措施，采取加强饲养管理，以免疫预防为主的综合防治措施；尽量减少各种应激，定期消毒和严格生物安全措施；我国批准使用的疫苗主要有PCV2灭活疫苗（SH、LG、DBN/98、WH和ZJ/2株）和PCV2Cap蛋白重组杆状病毒灭活疫苗；同时控制继发感染。

第七节　猪伪狂犬病

猪伪狂犬病是由疱疹病毒科、猪疱疹病毒属的猪伪狂犬病病毒感染引起的急性传染病，临床上以妊娠母猪流产、产死胎，新生仔猪出现共济失调、神经症状，并造成仔猪大量死亡为特征。

【流行特点】自然条件下藏猪、牛、羊、犬、鼠均可感染。猪是伪狂犬病毒主要的自然宿主和贮存宿主，各性别、年龄、品种的藏猪均可感染伪狂犬病毒，且感染后终生带毒，同时可持续排毒。病毒可以通过消化道和呼吸道传播，还可以通过胎盘、精液垂直传播。本病没有严格的季节性，但以寒冷季节多发。

【临床特征】不同时期的猪只在感染伪狂犬病毒后所出现的临床症状有所不同，其中妊娠母猪和新生仔猪的症状尤为明显。15日龄以内的仔猪感染本病表现为精神极度委顿、发抖、运动不协调、痉挛、做前进或后退转动、倒地四肢划动、呕吐、腹泻，极少康复。断奶仔猪感染伪狂犬病毒，发病主要表现为神经症状、腹泻、呕吐等。成年藏猪一般为隐性感染，若有症状也很轻微，易于恢复，主要表现为发热、精神沉郁，有些病猪呕吐、咳嗽，一般于4～8d内完全恢复。怀孕母猪可发生流产、产木乃伊胎或死胎，其中以死胎为主。

【病理剖检】剖检患病藏猪可观察到上呼吸道黏膜及扁桃体出血水肿，胃肠黏膜卡他性或出血性炎症；中枢神经系统症状明显时，脑膜血管扩张、充血、水肿，脑脊髓液增多，心内膜出血。肺脏水肿，组织学病变主要是中枢神经系统的弥散性非化脓性脑膜脑炎及神经节炎，有明显的血管套及胶质细胞坏死。在脑神经细胞、鼻咽黏膜上皮细胞、脾及淋巴结的淋巴细胞内可见核内嗜酸性包涵体和出血性炎症。

【诊断要点】根据疾病的临诊症状，结合流行病学，可作出初步诊断，确诊必须进行实验室检查。常用的方法有病毒分离、免疫荧光抗体试验、血清中和试验、酶联免疫吸附试验、核酸探针技术、聚合酶链反应技术、原位杂交技术等。同时要注意与猪细小病毒、流行性乙型脑炎病毒、猪繁殖与呼吸综合征病毒、猪瘟病毒、弓形虫及布鲁氏菌等引起的母猪繁殖障碍相区别。

【防治要点】本病没有有效的治疗措施，前期主要靠预防为主。要通过加强饲养管理及消毒等方法，对该病的传染源即发病藏猪及被污染的栏舍进行隔离淘汰及消杀；通过生物安全措施，切断该病的传播途径；通过对易感猪只进行疫苗免疫及健康管理，保护易感动物。目前国内外已研制成功猪伪狂犬病的常规弱毒疫苗、灭活疫苗、基因缺失弱毒疫苗和基因缺失灭活疫苗，及时进行免疫接种也是预防该病的重要措施。

第八节　猪日本乙型脑炎

猪日本乙型脑炎又称猪流行性乙型脑炎，是由日本乙型脑炎病毒（JEV）引起的藏猪的一种繁殖障碍性疾病，是一种人畜共患急性传染病。临床上主要可见妊娠母猪发生流产或者产死胎，公猪睾丸明显肿大，极少数藏猪出现神经症状，对热、光等自然环境因素比较敏感。

【流行特点】猪日本乙型脑炎主要经由蚊虫等吸血昆虫的叮咬以传播病毒，其中传播该病的主要媒介是三带喙库蚊。该病的发生具有明显的季节性，一般每年气候炎热的7、8、9月份最容易发生该病。6月龄左右藏猪发病较多，呈散发状，发病猪只在感染初期有传染性。

【临床特征】病猪初期体温升高，表现为精神沉郁，食欲不振，喜卧、嗜睡，眼结膜由于充血而明显潮红。粪便干燥呈算盘珠样，尿色深黄。有的病猪表现为跛行，少数有神经症状，病愈后呈隐性。怀孕母猪在发生流产或分娩时表现症状，胎儿多为死胎或木乃伊胎，同一窝仔猪出现不同情况：有的长势良好，有的是弱仔，大小和病变不同。怀孕母猪胎儿产出后，症状即可减退，不影响以后配种。公猪感染后，表现为睾丸肿大，有热痛感，数日后消退，个别睾丸变硬或萎缩，丧失性欲。

【病理剖检】流产母猪子宫内膜显著充血、水肿，黏膜糜烂和小点状出血，黏膜下层水肿，胎盘呈炎性反应。流产或早产胎儿常见皮下水肿，脑积水，腹水，肝、脾有坏死灶；公猪睾丸不同程度肿大，睾丸实质充血、出血，切面有大小不等的黄色坏死灶，周围出血。组织学变化主要见中枢神经系统呈弥漫性非化脓性脑膜炎，有明显血管套和胶质细胞坏死。在脑神经细胞、鼻咽黏膜上皮细胞、脾脏和淋巴结的淋巴细胞内有核内嗜酸性包涵体。

【诊断要点】根据流行病学和临床症状可作出初步诊断。本病具有明显的季节性，常发生流产、死胎、木乃伊胎；公猪睾丸多为一侧性肿胀等。确诊须进行实验室诊断。病毒的分离鉴定是诊断乙脑病毒感染最直接、最传统的病原学方法。病料可接种敏感细胞如猪肾传代细胞（PK-15和IBRS-2）、仓鼠肾传代细胞（BHK-21）或鸡胚成纤维细胞（CEF），在接种后24 ～ 72h内可出现典型的细胞病理变化。分离到病毒后可以采用血凝抑制试验、中和试验、酶联免疫吸附试验、荧光抗体染色法、RT-PCR等方法对其进行进一步确认。

【防治要点】猪乙型脑炎的主要预防措施是灭蚊、灭鼠和免疫接种。根据当地的实际情况，制定合理的免疫方案，目前可用野毒灭活苗、JEV自然弱毒疫苗及基因缺失疫苗进行免疫接种。本病目前无特效治疗药物，可根据临床症状进行对症治疗和抗菌药物治疗，对缩短病程和防止继发感染有重要意义。

第九节　猪瘟

猪瘟是由猪瘟病毒引起的急性或慢性、热性和高度接触性传染病。该病又称猪霍乱（简称SF），俗称“烂肠瘟”，临床上以稽留热、全身性出血、白细胞减少等为主要特征。急性病例呈败血症状，慢性病例以纤维性坏死性肠炎为特征，对生猪养殖业构成了极大的威胁。

【流行特点】猪是猪瘟病毒唯一易感动物，同时也是病毒的主要传播者，各年龄均可感染。病猪和带毒猪是主要传染源。主要经口腔、鼻腔、生殖道黏膜或皮肤擦伤感染。垂直传播造成仔猪带毒持续感染，是猪瘟免疫失败的主要原因。本病一年四季均可发生，初次传入地区呈急性暴发，但常呈散发性发生。

【临床特征】

（1）急性型　由猪瘟强毒毒株引起，常剧烈、急性，导致猪全部死亡。体温升高40.5～42℃，稽留不退，食欲减退或停止，喜饮水；皮肤密布出血点（腹下、鼻端、耳根、四肢内侧等）、行动缓慢、弓背怕冷、先便秘后腹泻等。嘴唇内侧、齿龈、母猪阴户黏膜、眼结膜也可见出血。

（2）亚急性型　由中、低毒力猪瘟病毒引起，低热、较低致病性，仔猪多死亡，成年藏猪一般可耐过。具体表现为患病藏猪体温缓慢上升至40℃左右，先升高后降低，以后又升高。可能有结膜炎、体重减轻、轻微便秘与腹泻交替等症状发生。妊娠期母猪感染，可导致死胎、弱胎或者木乃伊胎。公猪阴茎肿胀，挤压有灰白色、恶臭尿液流出。

（3）慢性型　迟发型猪瘟，由较低毒毒株引起，一到两周体温40～40.5℃，患病藏猪无明显症状，为病毒携带者。

（4）持续性感染　感染藏猪持续带毒，抵抗力下降就会导致感染。症状轻、不典型、慢性。体温一般在40～41℃。有的病猪耳、尾、四肢末端皮肤坏死、发育停滞，到后期站立不稳，后肢瘫痪，部分跗关节肿大，通常不表现临床症状，呈隐性经过，发作慢而温和，可不间断向体外排毒。

【病理剖检】

（1）急性型　病变分布于多个组织，如内皮、上皮、内分泌组织。肾皮质、肠道、喉、肺、膀胱和皮肤黏膜出现出血斑；消化道、扁桃体上皮会有坏死和肿胀。小肠和大肠有黏性渗出物、出血、溃疡。颌下淋巴结、肠系膜淋巴结以及胃、肝出现肿大、坏死、出血，淋巴结呈大理石样外观，肾脏土黄色，被膜下有小出血点。脾脏边缘梗死。

（2）亚急性型　通常只感染上皮组织和淋巴组织，颌下淋巴结、胃、肝出现出血点，特征病变为盲肠、扁桃体和结肠的坏死和“纽扣状”溃疡，软骨接头处发育异常，肠系膜淋巴结呈焦样坏死和出血。

（3）慢性型　无较大病理变化，母猪出现流产，产死胎、木乃伊胎。

【诊断要点】本病可以根据发病史、流行特点、藏猪群免疫情况、临床症状、病理解剖变化、血液学检查来进行初步诊断。实验室常常进行病毒分离培养、鉴定，琼脂扩散试验，血清学中和试验，冰冻切片直接荧光抗体（FA）试验，免疫酶测定技术或酶标记抗体诊断法和RT-PCR法等进行确诊。

【防治要点】对该病无特效药物治疗，重点在于加强预防、隔离和疫苗接种。出现猪瘟病例时应立即采取扑灭方法，销毁感染群的全部猪只，追踪传染源和可能的接触物，彻底消毒被污染场所，净化感染猪瘟的藏猪场。采取藏猪群综合防治技术措施控制、消灭传染源，做好平时的预防措施（免疫、消毒、管理、血清抗体监测等），培育健康的种猪群，切断猪瘟恶性循环的链锁，对无猪瘟发生的藏猪场，抽检种猪群是否有带毒猪。对可疑发生猪瘟的猪场进行超前免疫（0 ～ 70日龄）。

第十节　非洲猪瘟

非洲猪瘟是由非洲猪瘟病毒（ASFV）引起的藏猪急性烈性传染病，病死率高。其临诊症状从急性、亚急性到慢性不等，以高热、皮肤发绀变红、坏死性皮炎、全身内脏器官广泛出血、呼吸障碍和神经症状为特征，软蜱是该病的保毒宿主和传播媒介。

【流行特点】非洲猪瘟病毒是目前发现的唯一的DNA虫媒病毒，非洲钝缘蜱和游走性钝缘蜱是主要的保毒宿主和传播媒介。非洲猪瘟以接触传染、通过空气传染以及血液感染为主要传染方式，主要在野生动物内部、野生动物和养殖场之间、养殖场内部循环传染，病死率可达100%。非洲猪瘟病毒造成的危害较为严重，其对外界温度和酸碱物质的抵抗能力相对较强，室温干燥或者冰冻数年仍然能够存活，且仍具侵染性，但对高温比较敏感。

【临床特征】根据病毒的毒力、感染剂量和感染途径的不同，临床症状存在差异，可表现为最急性、急性、亚急性或隐性感染。

最急性型多发生在非洲地区，往往未见到明显临诊症状即倒地死亡。

急性型表现为发热（40 ～ 42℃），食欲不振，蜷缩在一起，呼吸频率增加，呕吐或腹泻，部分病猪咳嗽，眼、鼻有浆液性或黏液性脓性分泌物，皮肤发绀和出血，发病率和死亡率高。

亚急性型主要由中等毒力的毒株引起，死亡率从30%至70%不等。幸存的藏猪可能在1个月后恢复。临床症状与急性临床症状相似，主要是出血和水肿、不同程度的发热，伴随消沉和食欲不振、关节积液和肿胀。

慢性型死亡率低于30%，由低毒力毒株引起，临床症状为感染后14 ～ 21d开始轻度发热、轻度呼吸困难、关节肿胀、皮肤溃疡、消瘦。

【病理剖检】急性和亚急性型以广泛性出血和淋巴组

织的坏死为病变特征。在一些慢性或者亚临床病例中病变很轻或者几乎不存在病变。急性型病猪脾脏显著肿大，是正常的2倍以上，颜色变暗、黑紫、质地变脆、切面凸起。淋巴结肿大、出血，切面大理石样。其他脏器如心脏、肾脏、肺脏、膀胱等皮下广泛性出血。慢性病例以肺炎、纤维性心包炎、淋巴结肿大及局部出血、肺实变或局灶性干酪样坏死和钙化为特征。

【诊断要点】非洲猪瘟需要与典型猪瘟、猪丹毒、蓝耳病、沙门氏菌病、巴氏杆菌病、链球菌感染等进行鉴别诊断。确诊需要进行实验室诊断，慢性非洲猪瘟常常通过血清学方法诊断，目前非洲猪瘟的实验室诊断方法主要针对病毒抗原、DNA或特异性抗体。最安全便捷的方法包括红细胞吸附试验（HA）、直接荧光抗体技术、PCR以及酶联免疫吸附试验等。

【防治要点】目前由于缺少有效的疫苗或治疗方案预防ASFV感染，以预防为主、养防结合为控制感染的主要手段，其中包括流行病学调查，病猪的追踪、扑杀，严格监测和控制物流等。要严格控制人员、车辆和易感动物进入养殖场，尽可能封闭饲养藏猪，采取隔离防护措施，严禁用泔水或残余垃圾饲喂藏猪，各养殖场积极配合当地动物疫病预防控制机构开展工作。

第十一节　口蹄疫

口蹄疫是由口蹄疫病毒引起的一种急性、热性、高度接触性的人畜共患传染病。口蹄疫病毒可以对多种偶蹄类动物构成严重的威胁，其临诊特征是在口腔黏膜、四肢下端及乳房等处皮肤形成水疱和烂斑。该病传播迅速，流行面广，成年动物多取良性经过，幼龄动物多因心肌受损而死亡率较高。

【流行特点】患病动物及带毒动物是本病发生的主要传染源。口蹄疫病毒的传播方式主要分为间接接触和直接接触两种方式，病毒在空气中随风引起远距离的跳跃式传播，病毒常通过消化道和呼吸道及损伤的皮肤、黏膜而感染。偶蹄类动物一般易感。本病没有严格的季节性，但是冬春季多发，夏季较少发生。3年左右大流行一次。本病传染性强、发病率高、死亡率低，一般呈流行和大流行形式。

【临床特征】潜伏期1～2d，体温升高达40～41℃，精神沉郁，食欲不振或废绝。感染后会在皮肤无毛区域出现水疱，以口腔黏膜、鼻镜、舌头、乳区以及蹄部为主。蹄部水疱为典型的临诊症状，蹄冠、蹄叉、蹄踵和鼻端出现发红、微热敏感等症状，不久形成黄豆大水疱，患病藏猪站立行走困难。继发细菌感染蹄部出现蹄匣脱落而不能站立，哺乳仔猪感染后呈急性出血性胃肠炎和心肌炎，多突然死亡。

【病理剖检】病理变化主要是患病动物的口腔、蹄部、乳房、咽喉、气管、支气管和胃黏膜可见到水疱、烂斑和溃疡，上面覆盖有黑棕色的痂块；胃和大小肠黏膜可见出血性炎症；幼龄动物心包膜有弥漫性及点状出血，心肌有灰白色或淡黄色斑点或条纹，称为“虎斑心”。

【诊断要点】猪口蹄疫的诊断方法多种多样，结合临床特征和典型的病理变化，如流行快、传播广、发病率高、死亡率低、呈良性经过，口腔黏膜、鼻镜、舌头、乳区或蹄部皮肤无毛区出现水疱，剖检可见“虎斑心”，能够对病情做出初步诊断。实验室确诊包括病原学检测、血清学检测（中和试验、ELISA、琼脂免疫扩散试验）和分子生物学检测（反转录聚合酶链反应）。

【防治要点】口蹄疫发病动物一般情况下不允许治疗，应采取扑杀措施。各控制区之间要求有监测带和缓冲带、自然屏障及地理屏障。严禁从流行地区或国家引进易感宿主和动物产品。对来自非疫区动物及其产品以及各种装运工具应进行严格检疫和消毒。发现疫情及时上报，迅速做出确诊并划定疫点疫区和受威胁区。以早、快、严、小的原则进行严厉的封锁和监督。在严格封锁的基础上扑杀患病动物及对同群动物进行无公害化处理。对剩余饲料、饮水场地、圈舍、动物产品及其他物品进行全面严格的消毒。

第十二节　猪水疱病

猪水疱病是由猪水疱病病毒引起的藏猪的一种急性、热性、接触性传染病，该病传染性强、发病率高。其临诊特征是藏猪蹄部、鼻端、口腔黏膜、乳房皮肤发生水疱，类似于口蹄疫，但该病只引起猪发病，对其他家畜无致病性。

【流行特点】在自然流行中只感染猪，不分年龄、性别、品种均可感染。主要传染源是患病藏猪及其头部、胴体、蹄部。病猪的口腔分泌物、鼻液、尿液、粪便、水疱液以及乳汁中都含有病毒，主要经由损伤的皮肤黏膜、消化道或者呼吸道发生感染。病毒能够通过皮肤损伤直接导致机体敏感部位发生感染，如口腔上皮、鼻镜和蹄部，并会在此处形成典型的水疱；也能够经由口腔感染，通过消化道进入血液，并随着血液循环到达易感部位，并形成水疱。

【临床特征】根据病猪的临床症状，可分为经典型、温和型以及亚临诊型（隐性型）。

（1）经典型　病猪精神沉郁、食欲减退或停食，肥育猪显著掉膘。其特征性的水疱常见于主趾和附趾的蹄冠上，早期在蹄冠和蹄踵的角质与皮肤结合处先见到上皮苍白肿胀，内有水疱液，很快水疱破后形成溃疡，真皮暴露，颜色鲜红。常常环绕蹄冠皮肤与蹄壳之间裂开，严重时蹄壳脱落，部分藏猪继发细菌感染成化脓性溃疡，跛行。一些病猪呈“犬坐”或躺卧地下，或以膝部爬行。水疱也见于鼻盘、舌、唇和母猪乳头上。仔猪鼻盘发生水疱。如无并发其他疾病者不引起死亡，初生仔猪可造成死亡。

（2）温和型（亚急性型）　只见少数猪只出现水疱，传播缓慢，症状轻微，不容易被察觉到。

（3）亚临诊型（隐性感染）　病猪通常不会表现出临床症状，但检测病猪血清发现存在抗体。

【病理剖检】眼观可见病猪蹄部、鼻盘、唇、舌面、乳房出现水疱。水疱破裂，水疱皮脱落后，暴露出创面有出血和溃疡。个别病例心内膜上有条状出血斑。组织学变化为非化脓性脑膜炎和脑脊髓炎病理变化。脑灰质和脑白质有软化病灶出现。

【诊断要点】一般在进行猪水疱病诊断时，先是根据饲养情况、流行病学、临床症状等进行初步诊断，要想进一步确诊，就需要进行实验室诊断。实验室诊断方法较多，例如反向间接血凝试验、补体结合试验、ELISA、荧光抗体反应、RT-PCR等。由于猪水疱病与口蹄疫临床症状相似，应与口蹄疫进行鉴别诊断加以区分。

【防治要点】加强检疫，在收购和调运时，应逐头进行检疫，一旦发现疫情立即向主管部门报告，按早、快、严、小的原则，实行隔离封锁。对疫区和受威胁区的猪只，可采用被动免疫或疫苗接种，实行定期免疫接种，目前经常使用的是鼠化弱毒疫苗和细胞培养弱毒疫苗。防止将病原带到非疫区。病猪及屠宰猪肉应严格实行无害处理。环境及藏猪舍要进行严格消毒，常用于本病的消毒剂有过氧乙酸、菌毒敌、氨水和次氯酸钠等。

第十三节　猪传染性胃肠炎

猪传染性胃肠炎是由猪传染性胃肠炎病毒（TGEV）引起的猪的一种消化道传染病，属于三类疫病。以呕吐、水样腹泻和脱水为特征。

【流行特点】猪对TGEV最为易感。各种年龄的藏猪都可感染，而猪以外的动物如狗、猫、狐狸等不致病，但它们能带毒、排毒。

根据不同年龄藏猪的易感性，该病可呈三种流行形式。其一呈季节性流行性，对于易感的藏猪群，当TGEV入侵之后，常常会迅速导致各年龄藏猪发病，尤其在冬季，大多数藏猪表现不同程度的临诊症状。其二呈地方流行性，局限于经常有仔猪出生的藏猪场或不断增加易感藏猪如肥育猪的猪场中，虽然仔猪能从疫苗免疫后或从母猪乳汁中获得被动免疫，但受到时间和免疫能力的限制，当病毒感染力超过藏猪的免疫力时，藏猪将会受到感染，所以TGEV能长期存在于这些藏猪群中。其三呈周期性流行，常发生于TGEV重新侵入有免疫母猪的猪场，由于前一冬季感染藏猪在夏天或秋天已被屠宰，新进的架子猪和出栏猪便成为易感猪。

【临床特征】一般2周龄以内的仔猪感染后12～24h会出现呕吐，继而出现严重的水样或糊状腹泻，粪便呈黄色，常夹有未消化的凝乳块，恶臭，体重迅速下降，仔猪明显脱水，发病2～7d死亡，死亡率达100%；2～3周龄的仔猪，死亡率在0～10%。断乳猪感染后2～4d发病，表现为水泻，呈喷射状，粪便呈灰色或褐色，个别藏猪呕吐，在5～8d后腹泻停止，极少死亡，但体重下降，发育不良，成为僵猪。有些母猪与患病仔猪密切接触后反复感染、症状较重、体温升高、泌乳停止、呕吐、食欲不振和腹泻，也有些哺乳母猪不表现临诊症状。

【病理剖检】主要的病理变化为急性肠炎，从胃到直肠可见程度不一的卡他性炎症。胃肠充满凝乳块，胃黏膜充血；小肠充满气体。肠壁弹性下降，管壁变薄，呈透明或半透明状；肠内容物呈泡沫状、黄色、透明；肠系膜淋巴结肿胀，淋巴管没有乳糜。心、肺、肾未见明显的病变。

病理组织学变化可见小肠绒毛萎缩变短，甚至坏死，与健康藏猪相比，绒毛缩短为原来的1/7；肠上皮细胞变性，黏膜固有层内可见浆液性渗出和细胞浸润。肾由于尿管上皮变性、闭塞而发生浊肿、脂肪变性。电子显微镜观察，可看到小肠上皮细胞的微绒毛、线粒体、内质网及其他细胞质内的成分变性，在细胞质空泡内有病毒粒子存在。

【防治要点】平时注意不从疫区或病猪场引进猪只，以免传入本病。当藏猪群发生本病时，应即隔离患病藏猪，以消毒药对猪舍、环境、用具、运输工具等进行消毒，尚未发病的藏猪应立即隔离到安全的地方饲养。

可用下列药物控制继发感染：首先注射阿托品，按照每头2 ～ 4mg/kg注射；严重病猪可后海穴封闭。然后，肠毒清100mg/kg，连用2 ～ 3d，同时口服次硝酸铋2 ～ 6g或鞣酸蛋白2 ～ 4mg、活性炭2 ～ 5g。中药可选用地榆炭、肉桂、煅龙骨、神曲，煎煮饮或灌服，1日2次，疗效极佳。

第十四节　猪轮状病毒病

猪轮状病毒病，是由猪轮状病毒引起的猪急性肠道传染病，其主要症状为厌食、呕吐、下痢。中猪和大猪为隐性感染，没有症状。病原体除了猪轮状病毒外，从犊牛、羔羊、马驹分离的轮状病毒也可感染仔猪引起不同程度的症状。轮状病毒对外界环境的抵抗力较强，在18 ～ 20℃的粪便和乳汁中能存活7 ～ 9个月。

【流行特点】轮状病毒主要存在于患病及带毒藏猪的消化道，随粪便排到外界环境后，污染饲料、饮水、垫草及土壤等，经消化道途径使易感藏猪感染。排毒时间可持续数天，可严重污染环境，加之病毒对外界环境有顽强的抵抗力，使轮状病毒在成猪、中猪之间反复循环感染，长期扎根藏猪场。另外，人和其他动物也可散播传染。本病多发生于晚秋、冬季和早春。各种年龄的藏猪都可感染。在流行地区由于大多数成年藏猪都已感染而获得免疫，因此，发病藏猪多是8周龄以下的仔猪，日龄越小的仔猪发病率越高，发病率一般为50%～80%，病死率一般在10%以内。

【临床特征】潜伏期一般为12～24h。常呈地方性流行。病猪初精神沉郁、食欲不振、不愿走动，有些吃奶后发生呕吐，继而腹泻，粪便呈黄色、灰色或黑色，为水样或糊状。症状的轻重取决于发病的日龄、免疫状态和环境条件，缺乏母源抗体保护的仔猪症状最重，环境温度下降或继发大肠杆菌病时，常使症状加重，病死率增高。通常10～21日龄仔猪的症状较轻，腹泻数日即可康复，3～8周龄仔猪症状更轻，成年藏猪为隐性感染。

【病理剖检】病变主要在消化道，胃壁弛缓，充满凝乳块和乳汁，肠管变薄。小肠壁薄呈半透明，内容物为液状，呈灰黄色或灰黑色，小肠绒毛缩短。有时小肠出血，肠系膜淋巴结肿大。

【防治要点】

（1）治疗　无特效的治疗药物。发现立即停止喂乳，以葡萄盐水或复方葡萄糖溶液（葡萄糖43.20g、氯化钠9.20g、甘氨酸6.60g、柠檬酸0.52g、柠檬酸钾0.13g、无水磷酸钾4.35g，溶于2L水中即成）给病猪自由饮用。同时，进行对症治疗，如投用收敛止泻剂、使用抗菌药物，以防止继发细菌性感染。

（2）预防　主要依靠加强饲养管理，认真执行兽医防疫措施，增强藏猪的抵抗力。在流行地区，可用轮状病毒油佐剂灭活苗或猪轮状病毒弱毒双价苗对母猪或仔猪进行预防注射。油佐剂苗于怀孕母猪临产前30d肌内注射2mL。仔猪于7日龄和21日龄各注射1次，注射部位在后海穴（尾根和肛门之间凹窝处）皮下，每次每头注射0.5mL。弱毒苗于临产前5周和2周分别肌内注射1次，每次每头1mL。同时要使新生仔猪早吃初乳，接受母源抗体的保护，以减少发病和减弱病症。

第十五节　猪细小病毒病

猪细小病毒病又称猪繁殖障碍病，为三类传染病，是由猪细小病毒（PPV）引起的一种猪的繁殖障碍病，主要表现为胎儿的感染和死亡，特别是初产母猪产死胎、畸形胎和木乃伊胎，但母猪本身无明显的症状。

【流行特点】各种不同年龄、性别的家猪和野猪均易感。传染源主要来自感染细小病毒的母猪和带毒的公猪，后备母猪比经产母猪易感，病毒能通过胎盘垂直传播，而带毒猪所产的仔猪可能带毒和排毒时间很长，有些甚至终生带毒和排毒。感染种公猪也是该病最危险的传染源，可在公猪的精液、精索、附睾、性腺中分离到病毒。种公猪通过配种传染给易感母猪，并使该病传播扩散。

【临床特征】藏猪群暴发此病时常表现为木乃伊胎、窝产仔数减少、母猪难产和重复配种等。在怀孕早期30～50d感染，胚胎死亡或被吸收，使母猪不孕和不规则地反复发情。怀孕中期50～60d感染，胎儿死亡之后形成木乃伊胎。怀孕后期60～70d以上的胎儿有自身免疫能力，能够抵抗病毒感染，大多数能存活下来，但可长期带毒。

【病理剖检】病变主要发生于胎儿，可见感染胎儿有充血、水肿、出血、体腔积液、脱水（木乃伊化）及坏死等病变。

【防治要点】采取综合性防治措施：猪细小病毒（PPV）对外界环境的抵抗力很强，要使一个无感染的藏猪场保持下去，必须采取严格的卫生措施，尽量坚持自繁自养，如需要引进种猪，必须从无细小病毒感染的藏猪场引进。当HI滴度在1 ∶ 256以下或阴性时，方准许引进。引进后严格隔离2周以上，当再次检测HI阴性时，方可混群饲养。发病藏猪场，应注意若母猪在第一次哺乳时被感染，可把其配种期拖延至9月龄时，此时母源抗体已消失（母源抗体可持续平均21周），通过人工主动免疫使其产生免疫力后再配种。

免疫接种是预防猪细小病毒病、提高母猪抗病力和繁殖率的有效方法，已有10多个国家研制出了细小病毒疫苗。疫苗包括活疫苗与灭活苗。活疫苗产生的抗体滴度高，而且维持时间较长，而灭活苗的免疫期比较短，一般只有半年。疫苗注射可选在配种前几周进行，以使怀孕母猪于易感期保持坚强的免疫力。为防止母源抗体的干扰，可采用两次注射法或通过测定HI滴度以确定免疫时间，抗体滴度大于1 ∶ 20时不宜注射，抗体效价高于1 ： 80时，即可抵抗PPV的感染。在生产上为了给母猪提供坚强的免疫力，最好藏猪每次配种前都进行免疫，可以通过用灭活油乳剂苗进行两次注射，以避开体内已存在的被动免疫力的干扰。将藏猪在断奶时从污染群移到没有细小病毒污染的地方进行隔离饲养，也有助于本病的净化。

要严格引种检疫，做好隔离饲养管理工作，对病死猪尸体及污物、场地，要严格消毒，做好无害化处理工作。

第二章

藏猪寄生虫病

第一节　猪包虫病

猪包虫病是由细粒棘球绦虫的幼虫——棘球蚴引起的。成虫寄生在犬、狼、狐的小肠，幼虫寄生在人及牛、羊、猪的肝、肺等脏器内。病原体细粒棘球绦虫的成虫很小，体长2～6mm，由1个头节和3～4个节片组成。最后一节是孕卵节片，几乎占虫体全长的一半。

【流行特点】患病或者带虫的肉食动物是该病的主要传染源。该病具有自然疫源性，易感动物往往是由于采食的饮水或者饲料被犬的粪便污染而引起发病。另外，饲喂犬废弃的患病动物的脏器，导致虫体在犬与藏猪等动物之间循环感染。此外，人也能够感染该病，主要是由于直接接触病犬，导致双手黏附虫卵而通过口腔感染，也可由于食入污染有虫卵的饮水、水果、蔬菜而发生感染。

【临床特征】初期一般不显症状。寄生在肺时，发生呼吸困难、咳嗽、气喘及肺浊音区逐渐扩大等症状。寄生在肝时，最后病猪多呈营养衰竭和极度虚弱。

【病理剖检】猪的棘球蚴主要见于肝脏，其次见于肺部，少见于其他脏器。肝脏、肺脏表面凹凸不平，有时可明显看到棘球蚴显露在表面，切开脏器后液体流出，液体沉淀后在显微镜下可见到许多生发囊和原头蚴，有时肉眼也能见到液体中的子囊。另外也可见到已钙化的棘球蚴或化脓灶。

【防治要点】治疗：可使用丙硫咪唑（90mg/kg，连服2次）或吡喹酮（25 ~ 30mg/kg，连服5d），杀灭猪棘球蚴。预防：消灭野犬。对警犬和牧羊犬应定期驱虫。用吡喹酮（5mg/kg）、甲苯唑（8mg/kg）、氢溴酸槟榔碱（2mg/kg）或氯硝柳胺（100 ~ 150mg/kg）可驱除犬的各种绦虫。驱虫后排出的粪便和虫体应彻底销毁。加强肉品卫生检验工作，对有病脏器必须销毁，严禁作犬食。保持畜舍、饲料和饮水卫生，防止犬粪污染。人与犬等动物接触或加工狼、狐狸等的毛皮时，应注意个人卫生，严防人体感染。

第二节　猪细颈囊尾蚴病

猪细颈囊尾蚴病是由泡状带绦虫的幼虫——细颈囊尾蚴（俗称“水铃铛”）引起的。泡状带绦虫分布甚广，家畜常见寄生，寄生数量少时症状不明显；如被大量寄生，则可引起消瘦、衰弱等症状。

【流行特点】细颈囊尾蚴分布很广，对幼年动物有一定的危害，尤其对羔羊、仔猪危害较严重，我国各省、直辖市、自治区均有报道。各地商品猪感染十分严重，感染率为15.6%～29.7%，个别地区高达50%～70%。

【临床特征】细颈囊尾蚴在藏猪极为常见，牧区的绵羊感染严重，牛较少见。它对仔猪及羔羊的危害严重。在肝脏中移行的幼虫数量较多时，可破坏肝实质及微血管，引起出血性肝炎。此时，病畜表现不安、流涎、不食、腹泻和腹痛等症状，可能造成仔猪死亡。慢性疾病多发生在幼虫自肝脏移行出来之后，一般不显临诊症状，有时患畜出现精神不振、食欲消失、消瘦、发育不良等症状。有时幼虫移行至腹腔或胸腔，可引起腹膜炎和胸膜炎，表现出体温升高等症状。

【病理剖检】肝表面有出血点，布满许多米粒大的突起，弯弯曲曲，短的几毫米，长的约1cm。这些病灶不同程度地陷于肝实质中，这些突起的表面质地较厚，与细颈囊尾蚴的囊壁不同。从患病藏猪肝的切面观察，可见病灶呈大小不等的蜂窝状小坑，约占切面面积的大半，充满血液或有灰白色纤维素沉积。从肝实质中挖出的病灶是大小不等、囊壁很厚的囊体，囊内是泥状物质，颜色有浅黄色、乳白色等。在肝脏边缘的实质里找到一个比米粒大的囊泡，其内容物是一个白色物体，略呈长形，置玻片上有收缩运动，会缩成一团。置于低倍显微镜下观察，可见一端是具有吸盘和顶突、小钩的头节。至此，可以诊断病猪的肝脏为细颈囊尾蚴重度感染。

【防治要点】吡喹酮和丙硫咪唑等对细颈囊尾蚴有一定的杀灭作用。预防主要是防止犬进入藏猪舍内散布虫卵、污染饲料和饮水；勿用藏猪、羊屠宰后的废弃物喂犬。对犬应进行定期驱虫，常用药物有吡喹酮，剂量为5mg/kg；氯硝柳胺为100 ～ 150mg/kg，喂服。

第三节　猪毕氏肠微孢子虫病

微孢子虫是一大类可形成孢子、专性胞内寄生的类似于真菌的真核生物，可感染包括人在内的大多数动物。

迄今已发现微孢子虫1300余种，分属于约160个属，其中14个虫种可感染人。毕氏肠微孢子虫是全球范围内人和动物常见的重要微孢子虫虫种，其孢子广泛存在于环境和水体中，主要通过粪—口途径传播，其主要引起免疫功能缺陷者或低下者致死性腹泻及全身症状。

【流行特点】微孢子虫感染的宿主非常广泛，研究者普遍认为微孢子虫是机会致病原虫，主要感染免疫缺陷以及免疫抑制的动物。毕氏肠微孢子虫主要通过污染的水和食物感染人，可引起暴发流行，造成严重的突发公共卫生事件。

【临床特征】大多数研究显示感染的非人灵长类为无症状携带者，有研究者认为是由毕氏肠微孢子虫以极低的数量存在于肠道黏膜上皮或肝胆上皮细胞中，不足以引起黏膜反应及临床症状。在对感染了毕氏肠微孢子虫的动物进行剖检时发现，在其胆囊组织切片和胆汁中发现了孢子，表明除了引起肠道黏膜免疫反应造成腹泻之外还会对肝胆组织造成损伤。

【防治要点】隐孢子虫和毕氏肠微孢子虫均属于专性胞内寄生虫，普通驱虫药和杀虫药不能将其彻底驱除和杀灭，卵囊在自然条件下可以存活数月，因此对其进行防治目前存在较大困难。做好常规的环境消毒、处理好粪便，是有效控制寄生虫病流行的便捷手段。固定时间对饲养圈舍进行清理和消毒，减少污水的排放等都能行之有效地降低感染。毕氏肠微孢子虫作为一种重要的人畜共患病病原，具有复杂的遗传多样性。

目前，治疗微孢子虫病尚无特效药。阿苯达唑常被用来治疗微孢子虫病，主要作用于正处在发育阶段的虫体，抑制其成长，但此药对毕氏肠微孢子虫引起的疾病治疗效果不佳。

第四节　猪弓形虫病

猪弓形虫病是由刚地弓形虫引起的一种原虫病，又称弓形体病。弓形虫病是一种人畜共患病，宿主的种类十分广泛，人和动物的感染率都很高。据国外报道，人群的平均感染率为25%～50%，有人推算全世界至少5亿人感染弓形虫。藏猪暴发弓形虫病时可使整个藏猪场的猪只发病，死亡率高达60%以上。我国弓形虫感染和弓形虫病的分布十分广泛。经全国各地调查，证实我国各地均有人和家畜患弓形虫病。

【流行特点】感染源：主要是病畜和带虫动物，其血液、肉、内脏等都可能有弓形虫。已从乳汁、唾液、痰、尿和鼻分泌物中分离出弓形虫。在流产胎儿体内、胎盘和羊水中均有大量弓形虫存在。据调查，含弓形虫速殖子或包囊（慢殖子）的食用肉类（如藏猪、牛、羊肉等）加工不当，是人群感染的主要因素。有生食或半生食习惯的人群，其血清阳性率明显高于一般人群，即可间接证明这一点。被终末宿主猫排出的卵囊污染的饲料、饮水或食具均可成为人、畜感染的重要来源。人、畜、禽和多种野生动物对弓形虫均具有易感性，其中包括200余种哺乳动物、70种鸟类、5种变温动物和一些节肢动物。在家畜中，对猪和羊的危害最大，尤其对猪可引起暴发性流行和大批死亡。在实验动物中，以小鼠和地鼠最为敏感，豚鼠和家兔也较易感。感染途径以经口感染为主，主要是动物之间相互捕食和吃未经煮熟的肉类产生感染。此外，也可经损伤的皮肤和黏膜感染。在妊娠期感染本病后，可通过胎盘感染胎儿。

【临床特征】我国藏猪弓形虫病分布十分广泛，且各地藏猪的发病率和病死率均很高，发病率可高达60%以上，病死率可高达64%。10～50kg的仔猪发病尤为严重。多呈急性经过。病猪突然废食，体温升高至41℃以上，稽留7～10d。呼吸急促，呈腹式或犬坐式呼吸；流清鼻涕；眼内出现浆液性或脓性分泌物。常出现便秘，呈粒状粪便，外附黏液，有的患猪在发病后期腹泻，尿呈橘黄色。少数发生呕吐。患猪精神沉郁，明显衰弱。发病后数日出现神经症状，后肢麻痹。随着病情的发展，在耳翼、鼻端、下肢、股内侧、下腹等处出现紫红斑或有小点出血。有的病猪在耳壳上形成痂皮，耳尖发生干性坏死，最后因呼吸极度困难和体温急剧下降而死亡。孕猪常发生流产或死胎。有的病猪发生视网膜脉络膜炎，甚至失明。有的病猪耐过急性期而转为慢性，仅食欲和精神稍差，最后变为僵猪。

【病理剖检】全身淋巴结肿大，有小点坏死灶。肺高度水肿，小叶间质增宽，其内充满半透明胶冻样渗出物；气管和支气管内有大量黏液和泡沫，有的并发肺炎；脾脏肿大，棕红色；肝脏呈灰红色，散在有小坏死点；肠系膜淋巴结肿大。根据流行特点、病理变化可初步诊断，确诊需进行实验室检查。在剖检时取肝、脾、肺和淋巴结等做成抹片，用姬氏或瑞氏液染色，于油镜下可见月牙形或梭形的虫体，核为红色，细胞质为蓝色，即为弓形虫滋养体（速殖子）。

剖检病变的主要特征为：急性病例出现全身性病变，淋巴结、肝、肺和心脏等组织器官肿大，并有许多出血点和坏死灶。肠道重度充血，肠黏膜上常可见到扁豆大小的坏死灶。肠腔和腹腔内有多量渗出液。病理组织学变化为网状内皮细胞和血管结缔组织细胞坏死，弓形虫的速殖子位于细胞内或细胞外。急性病变主要见于仔猪。慢性病例可见各脏器的水肿，并有散在的坏死灶；病理组织学变化为明显的网状内皮细胞的增生，淋巴结、肾、肝和中枢神经系统等处更为显著，但不易见到虫体。慢性病变常见于年龄大的猪只。隐性感染的病理变化主要是在中枢神经系统（特别是脑组织）内见有包囊，有时可见有神经胶质增生性和肉芽肿性脑炎。

【防治要点】猪舍内应严禁养猫并防止猫进入圈舍；严防饮水和饲料被猫粪直接或间接污染；控制或消灭鼠类。大部分消毒药对卵囊无效，但可用蒸汽或加热等方法杀灭卵囊。应将血清学检查为阴性的家畜作为种畜。防治本病多用磺胺类药物：每千克体重磺胺嘧啶70mg和乙胺嘧啶6mg联合应用，每日内服2次（首次加倍），连用3～5d；磺胺-6-甲氧嘧啶60mg/kg，肌内注射，每日1次，连用3～5d；增效磺胺-5-甲氧嘧啶（含2%三甲氧苄氨嘧啶）0.2mL，肌内注射，每日一次，连用3～5d；磺胺甲基异噁唑100mg/kg，每日内服1次，连用2～3d。

第五节　隐孢子虫病

隐孢子虫病是一种世界性分布的人畜共患病。它能引起哺乳动物（特别是犊牛和羔羊）的严重腹泻和禽类剧烈的呼吸道症状。

【流行特点】隐孢子虫病猪的粪便和呕吐物中含大量卵囊，多数患畜在症状消退后仍排出卵囊，可持续数天，是主要的传染源，而健康带虫者和恢复期带虫者也是重要的传染源。交叉试验证实，牛、羊、猫、犬和兔等动物的隐孢子虫卵囊亦可感染人，成为牧区和农村动物源性传染源。隐孢子虫病主要是经粪—口途径传播。

【临床特征】新生或幼龄动物，对隐孢子虫呈高度易感性，但并非所有感染都引起急性发病。正常机体常呈自限性或亚临床感染或无症状感染，但在免疫功能低下或受损的患猪隐孢子虫可迅速繁殖，使病情恶化，成为死因。

【病理剖检】患隐孢子虫病的宿主，其局部常呈炎性反应。胃肠道尤其是回肠和空肠黏膜损伤；肠绒毛变短、萎缩和崩裂；细胞由典型的圆柱状变成立方形或扁平形，如同发生鳞片样组织变形；小肠固有层充血和炎性浸润；

肠系膜淋巴结水肿，网状内皮细胞增生；虫体附着在刷状缘上和腺窝深处。

【防治要点】为防止病畜及带虫者的粪便污染食物和饮水，应注意粪便管理和藏猪场卫生，同时保护免疫功能缺陷或低下的藏猪，避免其与病畜接触。隐孢子虫病至今尚无特效治疗药。一般认为，对免疫功能正常的患畜，应用对症和支持疗法，纠正水、电解质紊乱可取得良好的效果，对免疫功能受损藏猪，恢复其免疫功能、及时停用免疫抑制剂药物则是主要措施。

第六节　旋毛虫病

猪旋毛虫病是由旋毛虫成虫寄生于猪的小肠、幼虫寄生于横纹肌而引起的人畜共患病。

【流行特点】已知有100多种动物在自然条件下可以感染旋毛虫病，包括肉食兽、杂食兽、啮齿类和人，其中哺乳动物至少有65种，家畜中主要见于猪和犬。中国云南、西藏、河南、湖北、黑龙江、吉林、辽宁、福建、贵州、甘肃等省（自治区）都有该病流行的报道。旋毛虫幼虫的寿命很长，在藏猪体中，经11年还保持有感染力。对旋毛虫易感的动物包括藏猪、犬、猫、鼠类、狐狸、狼、野猪等100多种，人也易感，并且可以引起严重的疾病。藏猪感染旋毛虫主要是吃了未经煮熟的含有旋毛虫的泔水、废弃肉渣及下脚料，主要见于放牧的藏猪。

【临床特征】病猪轻微感染多不显症状而带虫，或出现轻微肠炎。严重感染时体温升高、下痢、便血，有时呕吐、食欲不振、迅速消瘦，半个月左右死亡，或者转为慢性。感染后，由于幼虫进入肌肉引起肌肉急性发炎、疼痛和发热，有时吞咽、咀嚼、运步困难和眼睑水肿，1个月后症状消失，耐过藏猪成为长期带虫者。

【病理剖检】幼虫侵入肌肉时，肌肉急性发炎，表现为心肌细胞变性、组织充血和出血。后期采取肌肉做活组织检查或死后肌肉检查发现肌肉为苍白色，切面上有针尖大小的白色结节，显微镜检查可以发现虫体包囊，包囊内有弯曲成折刀形的幼虫。成虫侵入小肠上皮时，引起肠黏膜发炎，表现为黏膜肥厚、水肿，炎性细胞浸润，渗出增加，肠腔内充满黏液，黏膜有出血斑，偶见溃疡出现。

【防治要点】预防该病的前提是提高公民的安全卫生意识，这是预防的关键，在此基础上，加强饲养管理，动物尸体焚烧或深埋。养猪者禁止用洗肉水喂藏猪，以预防该病发生。为了人身安全，养猪者应该定期检查、驱虫，并注意个人卫生。卫生检疫部门应加强检疫，一旦发现病猪、病猪肉，严格按照《食品卫生检疫法规》和《动物卫生检疫法规》对其进行处理。藏猪舍、藏猪场应尽量消灭老鼠，防止藏猪吞食死亡的老鼠等动物尸体，以减少感染和传播的机会。

第七节　猪球虫病

猪球虫病是一种由艾美耳属和等孢属球虫引起的仔猪消化道疾病，以腹泻、消瘦及发育受阻等为主要症状。成年藏猪多为带虫者。

【流行特点】猪球虫病虫体以未孢子化卵囊传播，但必须经过孢子化的发育过程，才具有感染力。球虫病通常影响仔猪，成年藏猪是带虫者。藏猪场的卫生措施有助于控制球虫病。及时清除粪便能有效控制球虫病的发生。

【临床特征】该病一般发生在7～21日龄的仔猪。主要临诊症状是腹泻，持续4～6d，粪便呈水样或糊状，呈黄色至白色，偶尔由于潜血而呈棕色。有的病例主要表现为消瘦及发育受阻。虽然发病率较高

（50%～75%），但死亡率变化较大，有些病例低，有的则可高达75%。死亡率的这种差异可能是由于藏猪吞食孢子化卵囊的数量和藏猪场环境条件的差别，以及同时存在其他疾病所致。

【病理剖检】尸体剖检所观察到的特征是急性肠炎，局限于空肠和回肠，炎症反应较轻，仅黏膜出现浊样颗粒化，有的可见整个黏膜的严重坏死性肠炎。眼观特征是黄色纤维素坏死性假膜松弛地附着在充血的黏膜上。显微镜下检查发现空肠和回肠的绒毛变短，约为正常长度的一半，其顶部可能有溃疡与坏死。在有些病例，坏死遍及整个黏膜，球虫发育阶段的各型虫体存在于绒毛的上皮细胞内，少见于结肠。在病程的后期，可能出现卵囊。

【防治要点】通过在仔猪饮水中加入抗球虫药或与铁制剂合并使用，可能对治疗藏猪球虫病是有效的。可试用百球清（5%混悬液）治疗藏猪球虫病，剂量为20～30mg/kg，口服，可使仔猪腹泻减轻，粪便中卵囊减少。它既能杀死有性阶段的虫体，也能杀死无性阶段的虫体。

最佳的预防办法是搞好环境卫生，确保产房清洁，产仔前母猪的粪便必须清除，产房应用漂白粉（浓度至少为50%）或氨水消毒数小时以上。应限制饲养人员进入产房，以防止由鞋或衣服带入卵囊。大力灭鼠，以防鼠类传播卵囊。在每次分娩后应对藏猪圈再次消毒，以防新生仔猪感染球虫病。

第八节　猪结节虫病

猪结节虫病，又称食道口线虫病，是由食道科、食道口属多种线虫寄生于藏猪结肠内引起的寄生虫病。以在大肠壁上形成结节为主要特征。

【流行特点】虫卵在外界适宜的条件下，1 ～ 2d即孵出幼虫，3 ～ 6d内蜕皮2次，发育为带鞘的感染性幼虫。藏猪经口感染，幼虫在肠内脱鞘，感染后1 ～ 2d，大部分幼虫在大肠黏膜下形成大小1 ～ 6mm的结节，感染后6 ～ 10d，幼虫在结节内第三次蜕皮，成为第四期幼虫。之后返回大肠肠腔，第四次蜕皮，成为第五期幼虫。感染后38d（幼猪）或50d（成年藏猪）发育为成虫。成年藏猪被寄生得较多。感染性幼虫可以越冬，在室温22 ～ 24℃的湿润状态下，可生存10个月。虫卵在60℃

高温下迅速死亡，干燥容易使虫卵和幼虫死亡。放牧藏猪在清晨、雨后和多雾时易受感染，潮湿和不勤换垫草的藏猪舍中，感染也较多。

【临床特征】严重感染时会出现腹泻，粪便中带有脱落的黏膜，猪只高度消瘦，发育迟缓。若继发细菌感染，可发生脓性结肠炎，引起仔猪死亡。

【病理剖检】幼虫在大肠形成以结节为主的病变。在第三期幼虫钻入时，肠黏膜发生局灶性增厚，内含大量淋巴细胞、巨噬细胞和嗜酸性粒细胞，于第四天形成结节。可在黏膜肌层发现成囊的幼虫。由于弥漫性淋巴结栓塞导致盲肠和结肠肠壁水肿，也可形成局灶性纤维素性坏死薄膜，第二周后开始消退，残留一部分结节和瘢痕。感染细菌时，可继发弥漫性大肠炎。

【防治要点】该病一般可以用左旋咪唑、硫苯咪唑、伊维菌素、氟苯咪唑、噻嘧啶等药物进行治疗，其中左旋咪唑的用量为8～10mg/kg、硫苯咪唑的用量为5～10mg/kg，均为一次口服；氟苯咪唑的用量为30mg/kg、噻嘧啶为20～30mg/kg，均混在饲料中喂服；伊维菌素的用量则为0.2～0.4mg/kg，一次颈部皮下注射。

本病的预防首先应注意搞好藏猪舍和运动场的清洁

卫生，保持干燥，及时清理粪便，保持饲料和饮水的清洁，避免污染；其次要定期按计划驱虫，例如对散养育肥猪，在3月龄和5月龄各驱虫一次。规模化饲养场，首先要对全场藏猪全部驱虫，以后公猪每年至少驱虫两次，母猪产前1～2周驱虫一次，仔猪转群时驱虫一次，后备猪在配种前驱虫一次，新进的藏猪驱虫后再和其他藏猪并群。

第九节　猪蛔虫病

猪蛔虫病是由猪蛔虫寄生于猪小肠引起的一种线虫病，呈世界性流行，集约化养猪场和散养藏猪均广泛发生。我国藏猪群的感染率为17%～80%，平均感染强度为20～30条。感染本病的仔猪生长发育不良，增重率可下降30%。严重患病的仔猪生长发育停滞，形成“僵猪”，甚至造成死亡。因此，猪蛔虫病是造成养猪业损失最大的寄生虫病之一。

【流行特点】猪蛔虫病的流行很广，一般在饲料管理较差的藏猪场均有本病的发生，尤以3～5月龄仔猪最易大量感染猪蛔虫，常严重影响仔猪的生长发育，甚至导致死亡。其主要原因是：第一，蛔虫生活史简单；第二，蛔虫繁殖力强，产卵数量多，每一条雌虫每天平均可产卵10万～20万个；第三，虫卵对各种外界环境的抵抗力强，虫卵具有4层卵膜，可保护不受外界各种化学物质侵蚀，保持内部湿度和阻止紫外线照射，加之虫卵的发育在卵壳内进行，使幼虫受到卵壳保护。因此，虫卵在外界环境中长期存活，大大增加了感染性幼虫在自然界的积累。

【临床特征】临诊表现为咳嗽、呼吸增快、体温升高、食欲减退和精神沉郁。病猪伏卧在地，不愿走动。幼虫移行时还引起嗜酸性粒细胞增多，出现荨麻疹和某些神经症状类反应。成虫寄生在小肠时机械性地刺激肠黏膜，引起腹痛。蛔虫数量多时常凝集成团，堵塞肠道，导致肠破裂。有时蛔虫可进入胆管，造成胆管堵塞，引起黄疸等症状。成虫能分泌毒素，这些毒素作用于中枢神经和血管，引起一系列神经症状。成虫夺取宿主大量的营养，使仔猪发育不良、生长受阻、被毛粗乱，常是造成“僵猪”的一个重要原因，严重者可导致死亡。

【病理剖检】猪蛔虫幼虫和成虫阶段引起的病变各不相同。幼虫移行至肝脏时，引起肝组织出血、变性和坏死，形成云雾状蛔虫斑，直径约1cm。移行至肺时，引起蛔虫性肺炎。

【防治要点】

（1）药物治疗　甲苯咪唑，每千克体重10～20mg，混在饲料中喂服；氟苯咪唑，每千克体重30mg，混在饲料中喂服；左旋咪唑，每千克体重10mg，混在饲料中喂服；噻嘧啶，每千克体重20～30mg，混在饲料中喂服；丙硫咪唑，每千克体重10～20mg，混在饲料中喂服；阿维菌素，每千克体重0.3mg，皮下注射或口服；伊维菌素，每千克体重0.3mg，皮下注射或口服；多拉菌素，每千克体重0.3mg，皮下或肌内注射。

（2）定期驱虫　在规模化藏猪场，首先要对全群藏猪驱虫；以后公猪每年驱虫2次；母猪产前1～2周驱虫1次；仔猪转入新圈时驱虫1次；新引进藏猪需驱虫后再和其他藏猪并群。产房和猪舍在进猪前应彻底清洗和消毒。母猪转入产房前要用肥皂清洗全身。在散养的育肥猪场，对断奶仔猪进行第一次驱虫，4～6周后再驱一次虫。散养的藏猪群建议在3月龄和5月龄各驱虫一次。驱虫时应首选阿维菌素类药物。保持藏猪舍、饲料和饮水的清洁卫生。藏猪粪和垫草应在固定地点堆积发酵，利用发酵的温度杀灭虫卵。

第十节　肝片吸虫病

肝片吸虫病由生活在动物肝脏、胆管中的肝片吸虫引起，它的特点是破坏动物的肝脏和胆管，导致急性或慢性肝炎和胆管炎，在严重的情况下，可导致幼年动物大量死亡。

【流行特点】虫卵随粪便排出，在水中孵化为毛蚴，毛蚴钻入蜗牛壳中发育出尾部后离开蜗牛体，进而在水生植物或水面上形成孢子群。纤毛虫迁移到宿主的肝脏，沉积在胆管中，发育为成虫。肝片吸虫病多发生在雨季并呈地方性流行。

【临床特征】本病的临床症状主要取决于寄生虫的数量、毒素的强度和宿主机体健康状况。如果寄生虫数量少、饲养条件好，宿主就不会出现明显的临床症状。反之，如果冬季饲料不足，饲料中缺乏钙和维生素A，即使寄生虫数量少，宿主也可能出现明显的临床症状。

（1）急性型　精神萎靡，食欲减退或丧失，体温升高，贫血，腹痛，腹泻，肝脏肿大伴压痛。有时突然死亡。

（2）慢性型　贫血，眼结膜和面部皮肤苍白，胸腹水肿。毛发粗糙、干燥，肝脏肿大和肠炎。

【病理剖检】在急性病例中，病猪黏膜苍白，胃腔内充满血液和水，孵化阶段有幼虫；肝脏肿大和充血，由于寄生虫迁移和破坏微血管，急性肝病变可见出血，有时可以看到幼虫钻入肝脏。在慢性病例中，主要表现为慢性肝炎，肝脏变硬和萎缩，胆管壁由于结缔组织增生而变得肥厚、坚硬和钙化；当病猪体内寄生虫数量多时，胆管明显扩张，胆管壁肥厚，并以茎状、肿胀的绳索状突出于肝脏表面。

【诊断要点】

（1）实验室诊断法　实验室诊断法主要适用于慢性病例，可通过反复洗涤和沉淀来确认。

（2）尸检诊断　对自然死亡的藏猪进行尸检，如果在肝脏或胆管中发现大量成虫，可以确诊。如果是急性肝片吸虫病，必须将肝脏收回并浸泡在水中，然后进行冲洗，发现大量活虫即可确诊。

（3）免疫学诊断　急性感染时，可采用沉淀试验、补体结合实验、对流免疫电泳、间接血凝试验（IHA）和酶联免疫吸附试验（ELISA）进行实验室诊断。

【防治要点】

（1）西药治疗　硫代二氯苯酚，按0.5g/kg的标准混入饲料中进行治疗。

（2）中药治疗　槟榔100g、白及25g，煮成液汁，空腹口服，连续3次。

（3）预防性驱虫　根据流行区的具体条件，可确定驱虫的时间和频率。

（4）粪便的发酵　畜禽粪便，特别是经产后的粪便，必须堆放在一起发酵。

（5）加强饲养和卫生管理　选择干燥地区的草场，保持水源清洁。从疫区进口的饲料应经过加工后再喂养。

第十一节　棘头虫病

棘头虫病是由巨吻棘头虫寄生于猪的小肠引起的。当虫卵随粪便排出后，被中间宿主蛴螬吞食，在其体内发育为感染性幼虫。藏猪吞食含有感染性幼虫的蛴螬而感染。

【流行特点】该病分布广泛，病情严重，常呈地方性流行。巨吻棘头虫是寄生在藏猪小肠的一种寄生虫，主要发生在成年藏猪身上。

【临床特征】棘头虫吻合器损害肠道黏膜，甚至引起肠穿孔，导致腹膜炎。临床症状包括食欲不振、血性痢疾、生长迟缓、贫血等。继发性腹膜炎可引起腹痛、腹胀、体温超过41℃，甚至死亡。

【病理剖检】尸检可以发现小肠中的棘头虫。

【诊断要点】

（1）粪便检查　如果在粪便或呕吐物中有棘头虫则可确诊，但通过常规粪便检查很难发现虫卵。

（2）免疫学检查　皮内试验阳性对诊断有帮助。

（3）特殊结节和棘头虫试验　手术时在受影响的肠道部分的浆膜上发现特殊结节和在肠腔内发现棘头虫可以确诊。

【防治要点】

（1）对症治疗　腹痛可用阿托品等抗惊厥药治疗，贫血可用饮食和补铁及维生素治疗。

（2）疾病治疗　没有理想的药物，但可以尝试：① 左旋咪唑2～3mg/kg；② 硫代苯酚（贝特类）50mg/kg。

第十二节　疥螨病

藏猪疥螨病俗称癞、疥癣，是一种接触传染的寄生虫病，是由藏猪疥螨虫寄生在皮肤表皮层而引起的藏猪最常见的外寄生虫性皮肤病，对藏猪的危害极大。

【流行特点】该病可影响所有年龄的藏猪。该病主要是由患病藏猪与健康藏猪直接接触或健康藏猪间接接触被苍蝇污染的垫料和饲养设备引起。黑暗、潮湿、不卫生的环境和不良饲养方式可能会导致该病的发生。该病在秋季和冬季传播最快，尤其是在潮湿的天气里。直接接触，如从患病母猪传染至乳猪，从患病藏猪传染至同一猪群中的健康藏猪等。间接接触，如与养殖人员的衣服或手接触。

【临床特征】

临床表现可分为两种类型：过敏性皮肤反应型和暂时性角化型。

过敏性皮肤反应型是最常见的。主要的易感者通常是乳猪；一年四季均可发生，以春夏和秋冬为多，主要临床表现如下。

（1）乳猪和泌乳猪最易感染，瘙痒比病变更容易被发现。过度的抓挠和瘙痒导致藏猪皮肤发红；组织液分泌、干燥后形成黑色的渣滓。

（2）在乳猪和仔猪中，感染的初始阶段从头部、眼睛周围、脸颊和耳根开始，扩散到背部和后腿内侧。

（3）受感染的藏猪经常在墙壁、猪栏和猪圈上摩擦病变部位，造成局部脱毛。在寒冷季节，当脱毛处暴露在空气中时，体温下降速度加快，体内储存的脂肪大量消耗，如果继发感染严重还会造成死亡。

（4）如果藏猪感染严重，会引起出血、结缔组织增生、皮肤增厚，导致藏猪皮肤受损，并且更容易感染金黄色葡萄球菌综合征，造成藏猪的湿疹性渗出性皮炎。病猪患处会迅速向周身扩展，传染性强，最终导致藏猪的体况严重恶化，衰竭死亡。

暂时性角化型有时称为慢性疥疮，主要发生在产仔母猪、种猪和成年藏猪身上。最常见的临床症状是：

（1）随着感染疥螨的藏猪的病情发展和过敏反应的消退，出现皮下角化过度和结膜增生，可见皮肤增厚，形成大的皮肤斑块，皮肤开裂且出现脱毛，在成年藏猪中常出现在耳朵内侧、脖子周围、下肢，尤其是脚踝处，形成厚厚的灰色松散斑块，常被爪子抓伤或墙壁擦伤。

（2）藏猪经常在墙壁、栅栏和栏杆上搔痒或抓挠皮肤，造成毛发脱落和皮肤损伤、开裂和出血。

（3）仔猪在母猪喂奶时常被感染。产仔母猪身体和耳朵上的角化过度引起皮肤瘙痒。

【诊断要点】从受损和健康部分的交界处收集病变材料，将刮下的材料放在试管中，加入10%的氢氧化钠（或苛性钾）溶液，煮沸后放置20分钟，当大部分固体颗粒（如毛发和痂皮）溶解后，在低倍显微镜下检查，会发现寄生虫和虫卵。

【防治要点】

（1）预防

① 每年至少进行2次全面的内外虫害防治，每次虫害防治连续5 ～ 7d。

② 加强防控，重点是环境中的螨虫防治。

（2）治疗

① 药浴或喷雾治疗：20%氯氰菊酯（磺胺）乳剂，稀释300倍，全身浸浴或喷雾。

② 预混剂治疗：在饲料中加入“金维益”（0.2%伊维菌素预混剂）或“鼎丰”（0.2%伊维菌素预混剂+5%芬苯达唑预混剂）。

③ 皮下注射杀螨剂：可采用1%伊维菌素或1%多拉菌素注射液，每10kg体重0.3mL，进行皮下注射。

第十三节　鞭虫病

藏猪鞭虫病是由藏猪鞭虫（藏猪毛首线虫）引起的，又称藏猪毛首线虫病。

【流行特点】该病主要发生在幼龄动物身上，仔猪在1.5月龄时就可以检测到虫卵，4月龄时可见患病猪粪便内有大量虫卵；14月龄以上的藏猪感染情况很少。由于有厚厚的保护性卵壳，虫卵可以在土壤中存活5年之久。该病一年四季都可感染，但在夏季最为常见。

【临床特征】轻度感染通常是无症状的。大量寄生虫的存在可能会表现出轻度贫血的症状，偶尔腹泻，嗜睡，毛发粗乱没有光泽。感染严重时病猪精神萎靡、食欲下降、结膜苍白、贫血、持续腹泻，大便稀薄，有时大便带血，脊柱弯曲、腹部悬空、行走歪斜，体温39.5～40.5℃。死前大便呈水样和血样，有黏膜。患病藏猪最终死于呼吸衰竭、脱水和极度疲惫。

【病理剖检】肠道和大肠出血性坏死、水肿和溃疡，表面有结节，内含虫体或虫卵。大肠和结肠堵塞和出血，大肠黏膜上布满乳白色、细如针尖的寄生虫，在它们钻入的地方形成团块，其中一些寄生虫呈圆形和囊状。

【诊断要点】进行粪便检查，如果发现虫卵腰部呈圆形，两端呈塞状结构，壳厚，外壳光滑，呈黄褐色即可确诊。

【防治要点】

（1）预防　仔猪断奶时应驱虫1次，经1.5～2个月后再次驱虫1次。改善藏猪群的卫生条件，定期对土壤进行消毒，对粪便进行堆肥消灭虫卵。

（2）治疗

① 敌百虫100mg/kg，与饲料混合或灌服。3d后，给重度患病藏猪口服补液盐和代森钠10mg/kg，每天1次，连续2d。

② 硫柳汞25mg/kg口服；或15～20mg/kg体重、3%～10%浓度肌内注射。

③ 甲苯咪唑20mg/kg，口服。

④ 左旋咪唑7.5mg/kg，口服或肌内注射。

⑤ 羟嗪2～4mg/kg，溶于水后服用（严禁注射）。

第十四节　肺线虫病

藏猪肺线虫病，又称藏猪后圆线虫病或寄生性支气管肺炎，主要是由藏猪肺线虫寄生于猪的支气管引起的。

【流行特点】这些疾病主要影响仔猪和育肥藏猪，其中6～12个月的藏猪最容易感染。病猪和虫媒是主要传染源。被蚯蚓卵污染的牧场、运动场、饲养场和含有感染性幼虫的水体都可以成为藏猪的重要感染场所。该病主要通过胃肠道传播，由藏猪食用含有感染性幼虫的蚯蚓引起。该病与蚯蚓的繁殖和藏猪的食物来源密切相关，主要在夏季和秋季传播，冬季很少发生。

【临床特征】轻度感染时藏猪的症状可以忽略不计，但生长和发育会受到影响。幼猪（2～4个月大）感染率、死亡率高，病情严重。病猪的主要症状是食欲下降、消瘦、贫血、毛发干燥；阵发性咳嗽，特别是在早晨和傍晚运动或暴露在冷空气中时；病猪鼻孔内有黏性分泌物，严重时出现呼吸道问题；一些患病藏猪出现呕吐和腹泻；胸下、四肢和眼睑肿胀。

【病理剖检】病理变化是确诊的主要依据。本病的主要病变是寄生虫性支气管肺炎。发病时，当幼虫穿透肺泡壁的毛细血管时肺部出现斑点。随着幼虫的生长，它们迁移到细支气管和支气管中，以黏膜和细胞碎片为食，同时刺激黏膜的分泌物增加。大量黏液和线虫引起局部的管腔阻塞，肺泡萎缩，气管、支气管和肺部出现出血性和气肿性变化。脓毒症肺炎的病灶可见于扩大的支气管，里面充满黏液和蠕动的线虫成虫。部分阻塞的支气管阻碍了气体交换，进入的空气量通常大于排出的空气量，因此在顶端肺叶的后缘和肺隔上可以看到灰白色凸起的气肿球。在显微镜下检查，支气管和肺泡扩大，通常被大量淋巴细胞和嗜酸性粒细胞浸润包围，结缔组织增生。

【诊断要点】诊断的依据是临床症状、流行病学和病理学检查。通常通过粪便沉淀或在饱和的硫酸镁溶液中悬浮来调查虫卵是否存在。

【防治要点】

（1）免疫治疗　四咪唑口服或混合在少量饲料中，每千克体重20～25mg；或肌内注射，每千克体重10～15mg。

（2）左旋咪唑　此药对15d的幼虫和成虫都有100%的效果。

（3）氰乙酰肼　17.5mg/kg体重口服或肌内注射，但总剂量不应超过1g/kg体重，连续3d。

（4）常规预防　根除该病的主要措施是在藏猪场创

造无蚯蚓的条件。

（5）紧急预防　一旦发生疾病，必须立即隔离患病藏猪，在对患病藏猪进行治疗时，必须对藏猪群中的所有患病藏猪进行药物治疗，并对环境进行彻底消毒。

第十五节　阿米巴原虫病

阿米巴原虫病感染是由内阿米巴科、内阿米巴属下各种内阿米巴所引起的。

【流行特点】该病发生在世界各地，流行程度主要取决于动物生活环境和动物的营养水平。阿米巴原虫病在秋季较为常见，夏季较少见。雄性多于雌性，成年多于幼年。

（1）感染源　长期患病的动物、恢复期的动物是本病的感染源。

（2）传播方式　可通过被污染的饮水、食物传播给动物。苍蝇和蟑螂是重要的传播媒介。

【临床特征】普通型通常开始时比较缓慢，患病藏猪腹痛，大便稀薄，有时一天腹泻几次，有时便秘。腹泻时，轻微下痢，有脓血。随着病情的发展，腹泻次数可能增加到每天10～15次或更多，并伴有腹痛加重和腹胀。发病通常是渐进的，在发病前数周至数年，会出现长时间的间歇性发热等症状，以及痢疾样发作。

【病理剖检】结肠的病变开始时是单一的和弥漫性的。组织破坏逐渐深入，从黏膜下层进入肌肉，形成典型的活塞状溃疡。在早期阶段，只看到小的黏膜溃疡，溃疡表面可见深黄色或灰黑色的坏死组织，深处有滋养体。在溃疡底部有血管血栓形成，但有时病变可使小动脉破裂，引起严重甚至危及生命的出血。

在慢性病变中，息肉样残片可能渗入肠腔。即使在溃疡愈合后，仍可见瘢痕的痕迹。

阿米巴病变的分布顺序如下：盲肠、升结肠、肛门、直肠、阑尾和回肠下段。滋养体可以进入门静脉循环，在肝脏形成脓肿，也可以作为栓子进入组织和器官，如肺、脑和脾脏，形成脓肿。损害在显微镜下是可见的，主要变化是组织坏死。

【诊断要点】

（1）粪便检查　粪便呈暗红色，带血，有黏液或脓，有腥臭味。新鲜粪便样本或肠壁活检组织中可发现吞噬有红细胞的滋养体，这是诊断本病的可靠依据。

只有通过流行病学史、血清抗体检测、粪便抗原检测或PCR检测确认感染内生阿米巴，才能做出诊断。

（2）血清学检查　有症状的患畜血清中阿米巴的高抗体滴度也是诊断本病的有力证据。

（3）乙状结肠镜检查　如果粪便检查为阴性，乙状结肠镜检查有很大的诊断价值。溃疡常为浅表性，覆盖着黄色脓液。溃疡的边缘略微隆起，稍有障碍。刮开伤口表面进行显微镜检查，更有可能发现病原体。

（4）阿米巴肝脓肿　腹部超声检查可见病变。

【防治要点】

（1）治疗

① 一般治疗：休息和喂给低脂、高蛋白、半固体饮食。

② 病原体治疗：甲硝唑或甲氨蝶呤，对破坏、穿透组织的阿米巴滋养体非常有效和安全，适用于治疗肠道内外的各种阿米巴病。

（2）预防　重要的措施包括对饮用水进行煮沸、过滤和消毒，避免生的蔬菜和食物的污染，适当处理粪便，预防苍蝇的侵扰和控制苍蝇。

第十六节　住肉孢子虫病

藏猪住肉孢子虫病是由住肉孢子虫引起的一种原虫病，是一种人畜共患寄生虫病。

【流行特点】

（1）感染状况　藏猪的感染率从0.2%到96%不等。藏猪的感染率与饲养和管理方式有关；此外，感染率往往随着藏猪年龄的增长而增加，成年藏猪的感染率明显高于年轻藏猪。

（2）感染源　在患孢子虫病的藏猪中，感染源是存在于最终宿主粪便中的孢子虫和卵囊。单次感染的终末宿主可持续排泄孢子虫和卵囊10d至数月。孢子虫和卵囊对外部环境有很强的抵抗力，可以在4℃下生存1年。

【临床特征】感染藏猪的寄生虫具有明显的致病性。人工感染藏猪的实验表明，低剂量的孢子虫在临床中不会引起明显的症状。在较高剂量的200万～300万孢子虫时，受感染的藏猪出现呼吸困难、肌肉震颤、运动障碍、耳朵和头部出现紫斑、全身贫血、血细胞减少、血小板减少、止血不良等症状，并在感染12～15d后死亡。

如果3～15周的怀孕母猪感染了高剂量的孢子虫，怀孕藏猪会出现严重的临床症状，如厌食、发热、僵直和运动障碍，被感染的藏猪会在9～14d内流产并死亡。

【病理剖检】从肉眼看，肾脏变色，胃肠道黏膜充血，肌肉水肿，变色，有小斑块和旧的病变。组织学检查显示，肌肉纤维之间有包囊形成，有轻微的细胞浸润。肺水肿、胸腔积液和腹水增多。

【诊断要点】

（1）既往诊断　严重病例有多种临床症状，如贫血、淋巴结肿大、消瘦等，但因无特异性而难以确诊。

（2）病理尸检　如果在肌肉组织中发现特异性包囊，则可确诊。用肉眼观察，可以看到与肌纤维平行的白色包囊。可将受影响的肌肉组织压碎作标记，在显微镜下，可观察到香蕉形状的菌落，染色后也可观察到。切开后，在囊壁的内膜上可以看到放射状的闭合体，囊内已形成隔膜。

（3）免疫诊断法　采用ELISA和琼脂扩散试验进行诊断。

【防治要点】使用抗球虫剂，如常山酮、土霉素、氨丙啉、莫能菌素进行治疗已显示出一定的疗效。在没有特殊治疗手段的情况下，预防尤为重要。预防的主要目标是阻断疾病的传播。应严格禁止狗、猫和其他肉食动物进入养猪场，以避免其粪便污染食物和水。所有的屠宰场和兽医诊所都应该对肉类进行良好的卫生控制，并安全处置带虫的肉类。

第三章
藏猪细菌病

第一节 大肠杆菌病

藏猪大肠杆菌病是由病原性大肠杆菌引起的仔猪一组肠道传染性疾病。常见的有仔猪黄痢、仔猪白痢、仔猪水肿病和仔猪腹泻四种，以肠炎、肠毒血症为特征。

【流行特点】许多大肠杆菌血清型都能引起藏猪的疾病，幼年藏猪最易受影响。仔猪黄痢常在仔猪出生后1周内发病，但大多数在1～3d内发病；仔猪白痢通常在仔猪出生后10～30d发病，但大多数在10～20d内发病；藏猪水肿病和仔猪腹泻主要发生在断奶仔猪身上。主要的传染源是病畜和媒介。细菌随粪便排出，传播到外部环境，污染环境和雌性藏猪的皮肤，新生藏猪吸吮、舔食或进食时也会感染胃肠道。

【临床特征】

仔猪的临床表现因年龄和致病性大肠杆菌的类型而异。

（1）仔猪黄痢　潜伏期短，可在出生后7d内发生，也可早在1～3d内发生，更长的天数是罕见的。一窝仔猪正常出生，但在很短的时间内有1～2头仔猪突然出现全身无力、迅速死亡，然后其余仔猪相继发病，排出黄色纤维素性粪便，不久体重下降，昏迷而死。

（2）仔猪白痢　患病藏猪通常在仔猪出生后10～30d发病，但大多数在10～20d内发病，突然开始腹泻，粪便呈乳白色或灰白色，柔软或呈糊状，有腥味，黏稠。病程为2～3d，最长约1周，可自行恢复，很少有死亡。

（3）藏猪水肿病　它是藏猪肠道毒血症的一种类型，以胃壁和其他一些部位的肿胀为特征。发病率不高，但病死率较高。患病藏猪突然发病，精神萎靡，食欲下降或口吐白沫。体温无明显变化，心率加快，呼吸最初快速而浅，随后缓慢而深。患病藏猪常有便秘，肌肉震颤，有时抽搐，对触觉敏感，嚎叫。共济失调，步态不稳，盲目向前或环形运动。

（4）断奶仔猪腹泻　常发生于断奶后5～14d的仔猪。第一批仔猪在断奶后2d左右突然死亡。采食量明显减少，出现水样腹泻。直肠温度正常。脱水和精神萎靡，饮水后食欲增加。鼻盘、耳朵和腹部发绀，步态僵硬。死亡常发生在断奶后6～10d。

【病理剖检】

（1）黄痢　严重脱水，肠道膨胀，有许多黄色弥漫性小点状溃疡，肝脏和肾脏有小的凝固性环状斑。肠道黏膜发生急性卡他性炎症，十二指肠最严重。

（2）白痢　尸体苍白，肠黏膜出现卡他性炎症变化，肠系膜淋巴结轻度肿大。

（3）水肿病　尸检时病理变化主要是水肿。胃壁呈现胶状水肿，严重者可达2～3cm厚，胃底出现弥漫性出血性改变，胆囊和咽部肿胀。结肠肠系膜水肿也很常见，一些患病藏猪的直肠周围有水肿。小肠黏膜出现弥漫性出血性变化。淋巴结水肿、充血，有出血。心包、胸腔和腹腔内有大量积液，暴露在空气中时凝结成胶冻状。肺部和纵隔有水肿。在一些病例中，心脏部位有水肿，红色液体在空气中积聚并凝结成凝胶，大脑有充血或出血。膀胱黏膜也有轻度出血。有些病例没有水肿，但内脏器官有出血现象，在出血性肠炎中特别常见。

（4）断奶仔猪腹泻　胃内充满消化物，胃底可见不同程度的内容物阻塞；小肠轻微水肿，内容物呈水状或黏液状，有臭味；结肠内容物呈黄绿色，水状或黏液状。随后被扑杀的藏猪胴体有强烈的氨味，结肠内有不规则形状的浅溃疡，粪便呈黄褐色。

【诊断要点】大肠杆菌病必须与藏猪痢疾、藏猪副伤寒、藏猪传染性胃肠炎、流行性腹泻和轮状病毒感染等引起的藏猪腹泻相区别。大肠杆菌引起的腹泻呈酸性，而藏猪传染性胃肠炎病毒或轮状病毒引起的腹泻则呈碱性，这有助于鉴别诊断。

【防治要点】

（1）治疗　可采用土霉素、阿米卡星、庆大霉素、安乃近、氨苄西林、氨基比林、呋喃妥因等抗菌药物进行药敏试验，并可辅以对症治疗。近年来，对腹泻用活菌制剂如痢特灵制剂治疗，具有良好的疗效。

（2）预防　预防是控制该病的关键。怀孕藏猪应在产前和产后进行喂养和护理，新生仔猪应适时吸食初乳，保证适当的喂养比例，避免饥饿和过度喂养，断奶时不应突然更换饲料。

第二节　布鲁氏菌病

藏猪布鲁氏菌病是一种由流产布鲁氏菌引起的急性或慢性人畜共患病。该病的特点是流产、胎衣不下、生殖器官和胎膜的炎症、睾丸炎、巨噬细胞增生和肉芽肿等。

【流行特点】在中国，布鲁氏菌病主要是羊型疾病，然后是猪型疾病，较少出现牛型疾病。主要的传染源是患病藏猪或孕猪。病原体主要存在于母猪的胎儿、胎膜、乳房和淋巴结中。病原体也可存在于患病野藏猪的精液中，并通过精液传播疾病。感染的主要途径是胃肠道，即通过被污染的饲料和饮水感染。其次是通过皮肤、黏膜和生殖器传播。幼猪对该病有一定的抵抗力，但易感性随年龄增长而增加，性成熟后变得高度易感。因此，5个月以下的藏猪对该病有一定的抵抗力。

【临床特征】在母藏猪中，主要症状是流产，通常发生妊娠80～110d。在流产前，子宫可能凹陷，嘴唇和乳房肿胀，有时有阴道分泌物，但也有在流产前没有明显症状的情况。大多数流产是死胎，可能伴发有子宫感染，影响胎儿的发育。一些受影响的藏猪产下虚弱或木乃伊化的胎儿。流产后，阴道排出黏稠的红色分泌物，通常在8～10d后消失。流产后可能会怀孕，重复流产不太常见。公藏猪的主要症状是睾丸炎和附睾炎，一侧或两侧无痛性肿大。患病藏猪机体局部发热和疼痛，并伴有全身症状；睾丸萎缩和硬化，性欲减退，丧失繁殖能力。雄性和雌性都可能出现关节炎，主要是在后腿，这可能使患病藏猪的后腿瘫痪。局部关节肿大和疼痛，关节囊内液体增加，关节和身体僵硬。

【病理剖检】流产胎儿的状态各不相同，有的呈木乃伊状，有的则是虚弱地活着。在死胎中，浆膜上可以看到絮状的纤维蛋白分泌物和少量略带红色的液体，胸腔和腹腔中也有纤维蛋白的混合物。胃液中含有黄色或白色浑浊的黏液，其中混有少量絮状物。在某些情况下，黏膜上可以看到小的出血点。一些流产的藏猪胎膜充血、出血和水肿，并覆盖着淡黄色的渗出物。

母猪的子宫黏膜充血，有出血和炎症性分泌物。40%患病母猪的子宫黏膜上有许多淡黄色的小结节，质地坚硬，结节内可见少量脓液或干酪状物质；在某些情况下，结节融合在一起，形成不规则的斑块，封住子宫壁，使内腔变窄。

公猪的睾丸及附睾常见炎性坏死灶，鞘膜腔充满浆性渗出物。在慢性病例中，睾丸和附睾结缔组织增生、肥厚和粘连。精囊可能有出血和坏死灶。睾丸和附睾肿大，解剖时可见豌豆大小的化脓灶和坏死灶。

布鲁氏菌侵害关节时，滑膜囊中含有浆液和纤维蛋白，严重的病例在椎骨和椎管内可见脓液和坏死。布鲁氏菌病的结节性病变还可见于淋巴结、肝、脾、肾和乳腺等。

【诊断要点】

（1）藏猪布鲁氏菌病的体征　母猪临床流产，公猪睾丸和阴囊发炎，流产胎儿的状况以及胎儿、胎膜和子宫、公猪睾丸腺体的病理变化，可作为临时诊断依据。

（2）细菌学检查

① 病料的涂片、染色和显微镜检查：流产胎儿、胎衣和分泌物中常含有大量细菌，进行镜检。

② 分离和培养：取病料，接种于含有10%马血清的马丁琼脂层上。如果有细菌生长，选择可疑菌落进行细菌鉴定，并对可疑菌落进行纯培养。进一步对流产布鲁氏菌进行生物学鉴定，用抗血清进行玻片凝集试验等。

（3）血清学凝集反应　血清学诊断具有最重要的实际意义。具体操作和检测方法应按农业农村部颁布的工作程序执行。

（4）其他方法　用间接红细胞凝集试验、抗球蛋白试验、酶联免疫吸附试验、荧光抗体法、DNA探针、PCR等方法进行疾病检测。

【防治要点】

（1）严格保护健康藏猪群　布鲁氏菌病的健康藏猪群应遵循“预防为主”的方针和自养原则，避免从外部引进病藏猪。

（2）风险藏猪群的预防措施

① 应定期对藏猪进行检疫（至少每年一次），作为一项常规预防制度，以便及早发现和清除病藏猪。

② 定期免疫接种是预防和控制本病的有效措施，分为口服免疫和注射免疫。

（3）患病种藏猪群的恢复措施

① 定期对患病藏猪进行检疫和隔离。

② 加强消毒。

（4）患病种藏猪的管理　加强对患病种藏猪的饲养管理。

第三节　结核病

藏猪结核病是一种由结核分枝杆菌引起的慢性人畜

共患传染病。其病理特征是在各种组织和器官中出现肉芽肿的结节性病变。

【流行特点】藏猪主要通过胃肠道感染，但也可以通过呼吸道感染。患病藏猪是主要传染源，特别是那些明显患有结核病的藏猪，它们通过不同的渠道散播细菌。患病藏猪的粪便、乳汁等污染了空气、棚舍、饲料和饮用水而成为重要的传染源。该病基本上是全年流行性的，没有明显的季节性或区域性特点。

【临床特征】藏猪对三种类型结核分枝杆菌（禽分枝杆菌、牛分枝杆菌、人分枝杆菌）导致的结核病都很敏感，而且比其他哺乳动物更容易感染分枝杆菌，但牛分枝杆菌在藏猪身上引起的疾病比其他两种类型的结核病更严重，而且感染是渐进的，常常是致命的。藏猪结核病主要通过胃肠道传播，病灶在扁桃体和颌下淋巴结，很少出现临床症状。当病灶位于肠道内时会发生痢疾。

【病理剖检】病变往往限于咽喉、颈部和腹部的淋巴结。病理特点是器官组织的增生或渗出性炎症或两者兼而有之。在抵抗力强的情况下，对结核分枝杆菌的反应主要是细胞介导的，形成由类上皮细胞和巨型细胞组成的增殖性结核结节，这些细胞聚集在结核分枝杆菌周围，形成非特异性肉芽组织。当机体抵抗力低下时，渗出性炎症占主导地位，即组织中发生纤维蛋白和淋巴细胞弥漫性沉积。

【诊断要点】如果藏猪出现不明原因的进行性消瘦、持续下痢和淋巴结慢性水肿，可作为怀疑本病的依据。藏猪死亡后，可根据具体的结核性病变进行诊断，必要时可进行结核菌素试验和显微镜检查。

（1）诊断　使用两种类型的结核菌素，牛结核菌素在一只耳朵里皮内注射，禽结核菌素在另一只耳朵里皮内注射，注射量为0.1mL。

（2）细菌学诊断　应从怀疑患有结核病的病猪身上收集组织上的分泌物和受影响的组织，进行涂片和显微镜检查；可以看到结核分枝杆菌被染成红色。

（3）血清学检查　采用ELISA、凝集反应、琼脂扩散反应、沉淀反应、补体固定反应等。

【防治要点】

（1）治疗　该细菌对链霉素、异烟肼、环孢菌素、对氨基水杨酸和利福平敏感。中药材如白头翁、柴胡和黄芩对结核分枝杆菌具有中等程度的抗菌活性。

（2）预防　采取广泛的保护措施，防止疾病传入，清理受感染的藏猪群，培育健康的藏猪群。

① 患有结核病的人应被禁止饲养或接触猪群。

② 一旦藏猪场出现结核病，应立即隔离受影响的藏猪群。

③ 受感染的藏猪舍和藏猪场可以用20%石灰乳、10%漂白粉或5%来苏儿彻底消毒2～3次，3～6个月后重新使用。

第四节　破伤风

破伤风是一种由破伤风梭菌感染引起的人类和动物的急性传染病，也被称为强直症和锁口风。该病的特点是全身骨骼肌或某些肌肉群持续强直痉挛，患病藏猪对外界刺激的兴奋性增加。

【流行特点】这种细菌在自然界广泛存在，所有的动物和人类都容易感染。藏猪感染主要通过各种创伤发生，如手术、尾巴、脐带、口腔伤口，分娩创伤等。在中国，通过创伤感染是藏猪破伤风最常见的感染方式，死亡率很高。该病在世界范围内普遍流行。

【临床特征】患病藏猪常伴有头部肌肉痉挛，牙齿紧闭，口中有液体流出，常发出“嗤嗤”的尖叫声，眼睛发直，瞬膜外露，耳朵直立，腹部向上拱起，尾巴不摆动，身体僵硬，脊柱拱起，触之坚硬如板，步态僵硬，行走和站立困难。轻微的刺激（光、声、触觉）可以提高病藏猪的兴奋性，加剧痉挛。严重的情况下，会出现全身肌肉痉挛和抽搐。

【病理剖检】解剖无可见的病理变化。

【诊断要点】诊断是通过本病特有的临床症状，如体温正常、意识清楚、反射性兴奋性增加、骨骼肌强直性痉挛和创伤来确认。

【防治要点】

（1）治疗

① 早期发现和处理伤口。仔细清除伤口上的碎屑、脓液、异物和坏死组织，然后用3%的过氧化氢或1%的高锰酸钾或5%～10%的碘酊进行冲洗和消毒，必要时进行扩创。冲洗和消毒后，撒布碘仿硼酸合剂。

② 中和毒素。早期及时用破伤风抗血清治疗，往往能取得较好效果。

③ 对症治疗。如果患病藏猪高度烦躁和抽搐，可用具有镇静和抗惊厥作用的氯丙嗪进行肌内注射，或用25%硫酸镁溶液进行肌内注射或静脉注射。用1%普鲁卡因溶液或加0.1%肾上腺素注射在咬肌或腰椎，以缓解肌肉僵硬和痉挛。可根据患病藏猪的具体病情，注射各种对症药物，如葡萄糖盐、维生素制剂、强心剂和5%碳

酸氢钠溶液，以维持患病藏猪的体况，防止酸中毒。

（2）预防　预防和减少伤口感染是预防本病一个非常重要的方法。在饲养过程中，应注意管理和预防损伤；在断脐、去尾、生产的手术操作中，工作人员应遵守工作程序，注意手术部位和器械的消毒。

第五节　藏猪类鼻疽

猪类鼻疽是由类鼻疽假单胞菌感染所致的人畜共患病，主要发生于热带地区，可因接触污染的土壤或水而感染。感染的藏猪群往往会出现暴发性败血症或肺部结核。

【流行特点】本病是地方流行性传染病，在热带地区多发，在感染过程中不需要储存宿主。若藏猪有破损的皮肤，直接接触到含有致病菌的水或土壤或者食用被类鼻疽假单胞菌污染的饲粮都会造成感染，此外吸血昆虫蚤、蚊等也是该病的传播媒介。本病一般散发，全年均有发生，无明显季节性。

【临床特征】仔猪类鼻疽感染往往呈急性经过，易死亡。成年藏猪大部分表现为慢性经过，无特征性临床症状，一般在屠宰后检查才被发现，临床表现为病猪高热、精神不佳、呼吸加快并且伴有咳嗽，病猪关节肿胀导致运动失调或发生跛行，尿液中含有淡红色纤维素样物且较正常尿液颜色更黄，公猪感染会导致睾丸肿胀、排尿困难。

【病理解剖】病猪在肝、脾、肺及淋巴结有多发性脓肿，还见有肉芽肿结节，结节中心为干酪样坏死。结节还出现在肝脏、脾脏、淋巴结及睾丸。部分病猪会出现化脓性关节炎。藏猪肝、脾病变处有黏液样物质存在，常与肠系膜、邻近器官或腹壁粘连在一起。肺脏有实变区，质地变得坚实呈淡黄色至灰白色，切开病变肺脏组织，切面湿润、致密。肾脏、肾上腺、盲肠、结肠和膀胱有时也见结节。公猪睾丸质地坚实，切面有干酪样坏死病灶。

【诊断要点】藏猪感染类鼻疽假单胞菌一般无特征性临床症状，可通过发病藏猪的器官化脓性结节及疫群所处地区环境等进行初步诊断。确诊需要对发病藏猪只进行采样，用特制胰蛋白酶大豆琼脂进行类鼻疽杆菌的分离培养和鉴定，培养生长出具有皱褶的紫色菌落即可推测为类鼻疽假单胞菌的感染。除此以外也可以用间接血凝试验（IHA）进行该菌感染的筛选或抗原检测方法进行检测。

【防治要点】 由于类鼻疽假单胞菌具有耐药性，藏猪一旦被感染并表现出临床症状，很难治愈。对藏猪类鼻疽感染往往是预防为主。类鼻疽假单胞菌对头孢他啶及亚胺培南（泰能）敏感性高，疗效最好。对于藏猪类鼻疽预防的重要措施是将藏猪群从患病区域隔离开来，在热带和亚热带等该病多发地区，应在养殖场内地面铺设水泥，将藏猪与地面隔开，猪饮用水进行消毒处理。做好蟑螂、老鼠等的防控工作，以防通过粪便污染饲草料和饮水而造成藏猪类鼻疽感染。此外，藏猪场其他传染病的存在对于藏猪类鼻疽的感染有重要影响，做好其他疫病的预防工作对抑制类鼻疽的暴发和流行有重要作用。

第六节　李斯特菌病

李斯特菌病（转圈病），又名李氏菌病或者单核球增多性李斯特菌病，在藏猪中为散发性细菌传染病。李斯特菌可以感染大部分动物，包括人和禽类。李斯特菌病在全球都有分布，在气候寒冷的地区多发。藏猪肠道带菌容易造成李斯特菌病发病，脑炎和脑膜脑炎是反刍动物感染李斯特菌的常见症状。

【流行特点】各年龄段藏猪均易感李斯特菌病，特别是哺乳仔猪和妊娠母猪及2～3周龄仔猪最易感。成年藏猪在发生感染后，往往会产生耐受而康复，但是依然会携带病菌。藏猪群发病时，可以通过呼吸道，或者吃了污染的饲料经消化道、损伤的皮肤及眼结膜感染。当藏猪感染其他病菌或者自身免疫力下降、冬季寒冷及饲喂青饲料不足等都会进一步诱发本病。

【临床症状】

（1）败血型　多发于哺乳仔猪，表现为急性经过。病猪体温升高，精神、食欲下降或者完全不进食，较多饮水。部分有腹泻伴有呼吸急促，耳部与腹部皮肤发绀。病程通常会持续1～3d，死亡率较高。

（2）脑膜脑炎型　断奶仔猪多发，对外界刺激敏感，病猪出现后躯麻痹、角弓反张、运动不协调等神经症状，体温、食欲与排泄均无异常。

（3）混合型　哺乳仔猪多见，突然发病，吮乳减少或者完全停止，排出干便，排尿量减少。体温明显升高，可达41～42℃。病猪会表现为脑膜炎症状，运动失调、兴奋不安、肌肉震颤、跛行等，病猪后肢麻痹，头颈后仰，走路拖地导致无法正常站立。发病严重时卧地不起，四肢呈游泳状划动，倒地后出现全身抽搐，发出嘶哑叫声，口吐白沫。

（4）慢性型　成年藏猪通常呈慢性型，病猪食欲下降，随着病程延长体型逐渐消瘦并且会伴有贫血，妊娠母猪患病会出现一系列不良症状，有大小不一的脓肿。

【病理剖检】病猪脑病变严重，脑膜肿胀、充血，脑组织软化，并有许多浑浊的脑脊液渗出，病变组织有大小不一的化脓性病灶。肝、脾肿胀且肝脏质地变软，颜色发浅有脓性病灶，脾组织上有出血斑。淋巴结肿胀，并有黏液流出。藏猪胃部有出血斑并且腹腔积水严重，浆膜部分肿胀和出血。

【诊断要点】细菌分离鉴定可见平板有绿色菌落，旁边会出现棕绿色的水解圈，有些菌落的中央出现凹陷。进行染色、镜检，可发现单个散在或成对排列的革兰氏阳性短杆菌，有时排列呈V字形。还可以通过协同溶血试验可见靠近金黄色葡萄球菌接种端的溶血现象增强确定。

【防治要点】对病猪进行隔离，病死藏猪尸体采取深埋处理，清除污染物与粪便，并且使用生石灰消毒后，立即进行生物发酵处理。同时，对圈舍进行喷雾消毒，可以进行西药和中药治疗。需要注意的是，需要对有发病的全窝藏猪全部进行用药治疗，从而有效抑制病情。加强饲养管理也是预防本病的重要措施，对于新引入的仔猪特别是从外地引入的必须经过严格检疫，并进行14d以上的隔离观察，确认健康无病后才允许合群，避免传入疫病。日常饲养过程中，饲粮要营养全面、均衡，保持藏猪舍环境卫生，制定消毒防疫程序进行消毒，提高机体抵抗力。

第七节　藏猪肠球菌病

肠球菌广泛存在于外界环境与人和动物胃肠道中，感染肠球菌一方面会引起藏猪发病死亡，另一方面也会导致肉品质下降，威胁人类的健康安全。

【流行特点】肠球菌引起腹泻，发病率高，但在2～14日龄藏猪中死亡率低。能导致1～5日龄仔猪腹泻、体重减轻和毛发粗糙，超过一半的1～3日龄仔猪受到影响。

【临床特征及病理剖检】肠球菌作为一种机会性致病菌，藏猪感染后往往无明显临床症状，常见发病藏猪精神不振、食欲下降、体重减轻和被毛粗乱，并且尿液呈黄色，剖检可见病藏猪尿路有感染。

【诊断要点】经染色镜检可见圆形或椭圆形、呈单个或成对或短链状排列的革兰阳性球菌，在含有血清的培养基上可形成灰白色、不透明、表面光滑的圆形菌落，并且在培养基中会出现溶血现象。

【防治要点】潜在状态的改善是治疗肠球菌来源的大多数疾病的最重要的方面。肠球菌对于抗生素具有相当的耐药性。可以选择用阿莫西林-克拉维酸、氯霉素和四环素等对病猪进行治疗。

第八节　藏猪副猪嗜血杆菌病

副猪嗜血杆菌病又称多发性纤维素性浆膜炎和关节炎。该病以体温升高、关节肿胀、呼吸困难、多发性浆膜炎、关节炎和高死亡率为特征，藏猪易感，特别是对仔猪和青年藏猪的健康有严重威胁。

【流行特点】副猪嗜血杆菌病主要通过呼吸系统传播，在藏猪群发生应激或存在其他呼吸系统疾病的情况下，更容易诱发本病，饲养环境不良也会进一步造成本病的发生。副猪嗜血杆菌的易感动物只有猪，特别是断奶前后和保育阶段的藏猪最易发病，5～8周龄的藏猪多发。

【临床特征】病猪容易出现高热、呼吸困难、关节肿胀、跛行或卧于地面、皮肤和黏膜发绀产生紫斑、站立困难甚至瘫痪，造成僵猪或死亡。妊娠母猪发病可流产，死亡后的病猪体表呈现紫色，腹部因有大量腹水存在而肿大，肠系膜上有大量纤维素样渗出，肝脏被渗出物包裹，肺有间质性水肿。

【病理剖检】解剖发现病猪胸膜炎最严重（包括心包炎和肺炎），关节炎次之，而腹膜炎和脑膜炎则比较少见。以浆液样、纤维素样渗出为炎症（严重的呈豆腐渣样）特点。肺可能有间质慢性水肿、粘着，心包腔积液、粗糙、增厚，腹腔积液，肝脾肿大、与腹腔粘着，腹膜与相连的脏器粘连，全身淋巴结肿大。

腹股沟淋巴结病变呈大理石状，颌下淋巴结出血明显，肠系膜淋巴病症较轻，肝脏边缘出血明显，脾脏出血、边缘隆起米粒大的血疱，肾乳头出血，心包积液严重，心脏表面有大量纤维素样渗出，喉管内有黏液附着，切开后肢可见关节腔内有胶冻样物。

【诊断要点】副猪嗜血杆菌病的检测方法主要是病原学检测，根据临床症状、剖检病变、细菌分离培养鉴定结果等可以鉴定该病。副猪嗜血杆菌对于培养条件要求比较高，在含有血清或NAD（烟酰胺腺嘌呤二核苷酸）的TSA培养基上可见圆形、灰色半透明的菌落。

【防治要点】彻底清理藏猪舍，做好藏猪舍消毒工作。加强饲养管理，为增强机体抵抗力、减少应激反应，可在饲料中添加电解质、维生素C粉饮水5～7d。对于病猪进行隔离治疗，可以先进行药敏试验，选择敏感抗生素进行治疗。出现有临床症状时需要对整个藏猪群进行抗生素治疗。在应用抗生素治疗的同时做好免疫，特别是妊娠期的母猪，可以在生产前30天进行第一次免疫，生产前20d进行第二次免疫，以便给初生仔猪足够的母源抗体。对于本病多发的健康藏猪群，可根据藏猪场发病日龄推断免疫时间，对仔猪进行疫苗接种，仔猪免疫一般安排在7～30日龄内进行，最好一免后过15d再重复免疫一次，二免距发病时间间隔10d以上。在疾病流行期间，有条件的藏猪场仔猪断奶时可暂不混群，加强饲养管理与环境消毒，减少藏猪群的应激，对混群的猪一定要进行隔离分群饲养，检测无病菌后才能混群，最好对保育藏猪实行分级饲养。

第九节　藏猪链球菌病

猪链球菌病是由多种致病性链球菌引起的一种人畜共患病，藏猪感染后容易引起化脓性淋巴结炎、脑膜炎、败血症、关节炎等的发生。在不同猪链球菌血清型中，人类可感染猪链球菌2型造成脑膜炎、败血症和心内膜炎，发病严重时可导致人的死亡。

【流行特点】该病流行无明显的季节性，一年四季均可发生，但夏季至初秋易出现大面积流行。该病的发生与流行具有一定的地域局限性。当养殖场从外地引入的种猪带菌，因免疫接种程序不一、温度与湿度变化、养殖场地环境条件不良等使动物应激加强而造成抵抗力降低时，会诱发该病。昆虫在猪链球菌病的流行中是重要的传播媒介。

【临床特征】

（1）败血型　最急性病例发病急、病程短，多见于感染的流行初期，有一些藏猪没有临床症状而死亡；或突然食欲下降甚至不食，体温升高到41～42℃，呼吸系统与消化系统均受影响，病猪躺卧不动，从口、鼻流出淡红色泡沫样液体，一般在发病6～24h内会死亡。

部分败血型藏猪表现为急性病例，体温升高达43℃，眼结膜潮红，流泪，食欲下降，流浆液状鼻液并且伴有咳嗽，皮肤有紫红色斑出现，皮下出血，不良于行，病发后3 ～ 5d内死亡。

（2）脑膜炎型　哺乳仔猪和断奶小猪多发，体温升高至40.5 ～ 42.5℃，不食，有浆液性和黏性鼻液，出现运动失调、盲目走动、转圈、四肢划动似游泳状。急性型多在两天内死亡。亚急性或慢性型主要表现为多发性关节炎，病猪逐渐消瘦最后衰竭死亡，部分或康复。

（3）关节炎型　主要由败血型及脑膜炎型病愈而来，也有部分藏猪开始发病就为关节炎型。病猪关节疼痛与肿胀，跛行，行走、站立困难，病程2 ～ 3周。

（4）淋巴结脓肿型　断奶仔猪和育肥猪易感，全身淋巴结形成脓肿，特别是在颌下、咽部、颈部等处最为严重。病猪淋巴结开始为小脓肿，然后逐渐变大，2 ～ 3周后显著隆起，触诊质地坚硬、有热痛。病猪进食受到不同程度的影响。在淋巴结脓肿成熟后，破溃流出脓汁。脓汁排净后，全身症状显著减轻，肉芽组织生长、结疤、愈合。病程3 ～ 5周。

【**病理剖检**】急性败血型：皮下有深紫斑，黏膜层、浆膜及皮下出血，鼻黏膜为浅紫红色。喉头、呼吸道充血，常见大量气泡。肺部也充血肿大。全身淋巴管也有不同程度的肿大、充血和出血。腹腔有少量淡黄色积液，部分有较轻的纤维素性腹膜炎。多数脾肿大，为深褐色至紫蓝色，软而易脆裂。胃部和小肠黏膜也有不同程度的充血和出血。肝脏也有轻微肿大、充血和出血。脑膜炎型：脑膜有不同程度的充血，有时出血。

【诊断要点】依据该病的流行特点、症状、病理变化，可以做出初步诊断，确诊需进一步诊断。镜检涂片经染色，观察有无典型链球菌。若菌落出现β型溶血，进一步做细菌形态和生化鉴定。

【防治要点】将病猪隔离，按照不同临床症状进行相应的治疗，做好消毒是防控猪链球菌病的重要方法。疫区藏猪场应制定合格的免疫程序，在藏猪两月龄时进行猪链球菌苗的首次免疫接种，以后每年春秋各加强免疫一次，还可用药物预防本病的发生。加强对藏猪的检疫工作，检出病猪应立即进行隔离治疗，待藏猪治疗恢复后两周才可以宰杀。在屠宰场应设置疫病紧急处理车间，方便对检测的阳性藏猪进行处理，防止污染其他健康藏猪肉。加强消毒卫生制度。在日常藏猪场管理工作中，注意公猪的阉割、疫苗注射和母猪生产的消毒。一旦发生猪链球菌病的暴发流行，应根据《动物防疫法》采取紧急隔离封锁措施，及时扑灭。

第十节　藏猪传染性萎缩性鼻炎

猪传染性萎缩性鼻炎是由支气管败血波氏杆菌或/和产毒素多杀性巴氏杆菌引起的猪的一种慢性呼吸道传染病。以病猪发生鼻炎、颜面部变形、鼻甲骨尤其是鼻甲骨下卷曲发生萎缩和生长迟缓为特征。

【流行特点】本病一般情况下只感染猪，各年龄的藏猪均易感，特别是2～5月龄的仔猪。在哺乳期，仔猪可因接触患病母猪而通过呼吸和飞沫传染。仔猪感染多发生鼻甲骨萎缩，较大年龄的藏猪感染时一般表现为鼻炎症状，症状消退后成为带菌藏猪。病猪和带菌猪是主要传染来源。支气管败血波氏杆菌或/和产毒素多杀性巴氏杆菌多存在于上呼吸道，可经空气中的飞沫传播，通过呼吸道进入造成感染。

【临床特征】仔猪感染开始出现鼻炎症状，打喷嚏并且呼吸发出鼾声，由于鼻黏膜刺激导致猪只不安，经常鼻端拱地或摩擦鼻部造成出血。初期鼻部多流出透明黏液样分泌物，随着病程延长转变为黏液或脓性物，甚至出现血样分泌物或鼻出血。除鼻炎症状外，病猪眼结膜有发炎并流泪，泪水与灰尘粘积，常在眼眶下部的皮肤处形成半月形褐色或黑色斑痕，鼻炎后常常出现鼻甲骨萎缩，导致鼻腔和面部变形。病猪体温正常，生长和育肥比较慢。由于鼻甲骨损伤，部分病猪会因为继发细菌感染而引发脑炎。

【病理剖检】猪传染性萎缩性鼻炎病变一般存在于鼻腔和邻近组织。鼻腔的软骨与鼻甲骨的软化和萎缩，是特征性病变，特别是下鼻甲骨的卷曲最为经典，而部分藏猪发生感染时萎缩仅限于筛骨或上鼻甲骨。萎缩严重的病猪鼻中隔发生部分或完全弯曲，甚至鼻甲骨消失，鼻腔成为一个鼻道。有的下鼻甲骨消失，仅留下小块黏膜皱褶附在鼻腔的外侧壁上。急性发病的早期，在鼻腔中可见含有脱落的上皮碎屑。慢性病程的后期，鼻黏膜颜色苍白，伴有水肿。病变转移到筛骨时，当除去筛骨前面的骨性障碍后，可见大量黏液或脓性渗出物积聚。

【诊断要点】猪传染性萎缩性鼻炎在早期鼻黏膜及额窦有充血和水肿，并且有多量黏液性、脓性甚至干酪性渗出物附着在鼻腔内。特征性病变为鼻腔和鼻腔软骨的软化及萎缩性病变，特别是下鼻甲骨的下卷曲受损害，鼻甲骨上下卷曲及鼻中隔失去原有的形状，弯曲或萎缩。鼻甲骨严重萎缩时，使腔隙增大，上下鼻道的界限消失，鼻甲骨结构完全消失，常形成空洞。

【防治要点】预防本病主要是防止从国外传入，加强我国进境藏猪的检疫，采取淘汰和净化措施。藏猪场应采取自繁自养模式，加强检疫工作及切实执行兽医卫生措施。淘汰病猪，对与病猪或可疑病猪接触过的藏猪进行隔离观察，其仔猪断奶后仍隔离饲养，再从中挑选无病状的仔猪留作种用。从非疫区购买的藏猪种，经隔离观察及检测后，确认无本病后再进行合群饲养。加强饲养管理，采取全进全出制度，增强藏猪舍的空气循环，保持干燥卫生的养殖环境，做好进出场的消毒防疫工作。

第十一节　猪副伤寒

猪副伤寒，又称猪沙门氏菌病，是由沙门氏菌感染引起的猪的一种传染病，通常仔猪多见。急性者表现为败血症，慢性者表现为坏死性肠炎，有时以卡他性或干酪性肺炎为特征。

【流行特点】病猪和带菌猪是主要传染源，病猪排泄物等均可携带病菌。猪副伤寒主要经消化道感染，特别是6周龄以下的仔猪最易感染发病，6周龄以上仔猪很少发病。本病春夏秋冬均可发生，但潮湿的梅雨季节多发。

【临床特征】

（1）急性型　也称为败血型，断乳前后的仔猪最易发生，仔猪常无明显临床症状而突然死亡。部分藏猪病程较长，表现为体温在短时间内升高（41 ～ 42℃），腹痛腹泻并且呼吸困难，皮肤有紫色出血斑，大部分1 ～ 4d死亡。

（2）亚急性型和慢性型　大部分藏猪感染都为此型，病猪体温升高；眼结膜发炎，有脓性分泌物；感染初期为便秘，后转变为腹泻，排灰白色或黄绿色恶臭粪便。病猪食欲下降或者不食，体重减轻，皮肤有痂状湿疹。病程持续可达数周，终至死亡或成为僵猪。

【病理剖检】

（1）急性型　急性型以败血症、变化迅速为特点，出现大量瘀血或出血，并伴有严重黄疸。浆膜及皮肤黏膜也可见大量出血斑点。脾肿大，硬如橡皮，切面青紫。肠系膜淋巴结索样肿大，周身其他淋巴结亦不同程度肿大，切面呈大理石样。肝、肾肿大、充血和出血，胃肠黏膜卡他样发炎。

（2）亚急性型和慢性型　以坏死性肠炎为特征，多见于盲肠、结肠，有时波及回肠后段。肠黏膜上覆有一层灰黄色腐乳状物，强行剥离则露出红色且边缘不整的溃疡面。如滤泡周围黏膜坏死，常形成同心轮状溃疡面。肠系膜淋巴索状肿大，有的干酪样坏死。脾稍肿大，肝有可见灰黄色坏死灶。

【诊断要点】根据临床症状和病理变化可做出初步诊断，确诊需进一步做实验室检查。可用凝集试验、酶联免疫吸附试验等血清学检查进行确定。

【防治要点】对于本病通常采用预防为主、治疗为辅。对于藏猪场应该加强饲养管理与卫生管控，减少藏猪群的应激，对于刚出生的仔猪可以通过母猪妊娠期间在饲料中添加维生素及抗生素，以便仔猪出生时可以得到良好的母源抗体，增加其抵抗力。对于藏猪场的环境要保持干净整洁，饲养用具和食槽经常洗刷，保持干燥，及时清除粪便，降低感染机会。仔猪在更换饲粮时要循序渐进，防止突然更换。在疫区，1月龄以上哺乳或断奶仔猪，可以进行疫苗注射预防。发病后的藏猪及时隔离和治疗，粪便堆积发酵后利用。病死藏猪应进行深埋处理；对全群仔猪进行观察，发现病猪后立即隔离，及时治疗。

第十二节　藏猪猪丹毒

猪丹毒是由猪丹毒杆菌引起的传染病。急性型表现为败血症，亚急性型在皮肤上出现紫红色疹块，在世界各地猪场均有发生。病死率高，特别是急性败血症高达80%左右，存活猪转变为疹块型或慢性型且带毒。

【流行特点】本病主要发生于架子猪，也可感染人，病猪和带菌猪是本病的传染源，可经消化道传染给易感藏猪。损伤皮肤及吸血昆虫也会造成本病的传播。工厂废水、废料，残羹剩饭或者动物源性蛋白质饲料饲喂会造成猪丹毒发病。春夏秋冬均可发生本病，夏季多雨时较为多发。一经发病常为散发性或地方流行性，偶尔暴发性流行。

【临床特征】

（1）急性型　表现为急性经过及高死亡率。往往突然暴发，病猪精神不振，高热呕吐，眼结膜充血，粪便干燥有黏液。仔猪腹泻，皮肤发红，下部有大小不一的鲜红色斑块，指压褪色，发病3 ～ 4d内死亡。存活藏猪转为疹块型或慢性型。仔猪感染发病时，出现神经症状，抽搐，往往1d内突然倒地而死。

（2）亚急性型（疹块型） 病症较轻，开始在各部位出现疹块，也称“打火印”，指压褪色。疹块比皮肤高，后转变为棕色痂皮。病猪饮水增加、高热呕吐，红斑出现后，体温降低，病症减轻，病猪可自行康复。

（3）慢性型 大部分由急性型或亚急性型转变而来，部分为原发性，经常表现为慢性关节炎。主要特征是四肢关节的炎性肿胀、疼痛，一段时间后急性症状消失，容易跛行或卧地不起，关节变形。病猪食欲正常，但生长停滞或者缓慢，瘦弱，病程可以持续数周或数月。

【病理剖检】急性猪丹毒感染猪胃发生弥漫性出血，肠道有不同程度的卡他性或出血性炎症，脾脏、肾脏、肺脏肿大、瘀血。亚急性型藏猪皮肤有充血斑，中心呈苍白色。慢性型心脏可见心内膜炎，并且出现菜花样增生物。病猪关节肿胀，有炎性渗出物蓄积。

【诊断要点】据临床症状和试验室分离鉴定病原进行诊断，临床可以通过间隔14d进行两次血清学试验，以滴度升高来进行辅助诊断。

【防治要点】发病藏猪进行隔离治疗，同群藏猪在饲料中加药防治。发病早期用药治疗效果良好。在治疗时，为达到有效血药浓度，要一次性给予足够药量。发病藏猪可通过皮下注射阿莫西林和清开灵治疗，直至体温和食欲恢复正常。不宜过早停药，以防猪丹毒复发或转为慢性。如藏猪群不断出现有临床症状的猪，则应进行免疫接种。保持栏舍清洁卫生和通风干燥，避免温湿度过高，加强饲养管理，制定消毒制度。新进场猪隔离观察21d并经检测无病毒后方可进行合群。

第十三节　藏猪梭菌性肠炎

C型产气荚膜梭菌是猪的主要肠道梭菌病原体，猪梭菌性肠炎以腹泻（血痢）、肠坏死、病程短、病死率高为特点。

【流行特点】 C型产气荚膜梭菌是藏猪的主要肠道梭菌病原体，在人畜肠道、粪便、土壤中也存在。仔猪通常因吸吮污染的母猪乳头、接触地面或垫草等吃入本菌芽孢而感染。1～3日龄仔猪最易感染，1周龄以上仔猪发病较少。一旦藏猪群发病，病原就难以消除而长期存在。该病在产仔季节多发，造成严重危害。

【临床特征】

（1）最急性型　仔猪出生时出现出血性腹泻（血

痢），身体后部沾满带血稀粪，精神萎靡，不能走路，濒临死亡。部分仔猪在刚刚出生时不出现血痢而迅速死亡。

（2）急性型　仔猪腹泻且粪便为带血的红褐色水样，带有灰色坏死组织。病猪脱水、消瘦，病程两天左右，最终衰竭死亡。

（3）亚急性型　一般在出生5～7d死亡，发病初期精神与食欲正常，有轻微腹泻，开始为黄软粪便，后转变为水样。随着水样腹泻出现，病猪逐渐不食、消瘦而死亡。

（4）慢性型　开始间歇性或持续性腹泻，有灰黄色黏液状粪便，体后部经常被干燥后的粪附着。病猪精神尚好，但不生长，最终死亡或形成僵猪。

【病理剖检】

（1）最急性型　在尸体剖检时，病变最常见于小肠，尤其是空肠，在大多数病例中，特征性的病变是肠系膜淋巴结呈红色，胸膜腔和腹腔内出现过多的出血性液体。

（2）急性型　空肠坏死，肠壁增厚无弹性，颜色由白变黄。肠黏膜呈黄色或灰色，肠腔内含有稍带血色的坏死组织碎片。

（3）亚急性型　黏膜坏死严重，形成容易剥落的坏死性假膜，在坏死肠段的浆膜下层和肠系膜淋巴结中有小气泡产生。

（4）慢性型　肠管外观正常，但黏膜上有坏死性假膜牢固附着的坏死区，实质器官变性，并有出血点。

【诊断要点】镜检，革兰氏染色阳性，可见两端钝圆、有荚膜、有芽孢的杆菌。普通肉汤平板可见表面光滑湿润、边缘整齐、灰白色单个菌落。由此，可确诊。

【防治要点】该病发病急、病程短，往往是初生仔猪发生感染，出现临诊症状后用抗菌药物治疗效果较差。可用青、链霉素每千克体重各10万单位。在早期进行口服治疗。在流行该病的藏猪场，应进行C型魏氏梭菌类毒素的疫苗注射，提高仔猪免疫力，保护仔猪免于发病。在母猪妊娠中期进行初免，产前2～3周进行二免。在以后的每次怀孕后产前2～3周进行加强免疫。母猪发生本病，对所产的仔猪可用青、链霉素进行预防。初生仔猪未哺乳前，用青、链霉素每千克体重各10万单位，灌服，能有效预防本病的发生。

第十四节　猪传染性胸膜肺炎

猪传染性胸膜肺炎是由胸膜肺炎放线杆菌引起的猪的一种接触性传染病，全世界均有流行，是世界性规模化养猪的五大疫病之一，目前现有的抗生素对本病治疗无明显效果。

【流行特点】各年龄藏猪均易感本病，多发于育成藏猪和成年藏猪，哺乳期仔猪由于母源抗体的存在而较少发病。藏猪群发病率、死亡率与藏猪场其他疾病的存在有较大关系。主要通过空气、病猪排泄物及猪场管理人员进行传播。饲养环境不良及恶劣的气候条件（如温度、湿度突然改变及藏猪场内通风不良）均会加速本病的传播和增加发病的危险。

【临床特征】

（1）最急性型　病猪突然发病，高热，心率加快，精神沉郁，食欲不振，有腹泻和呕吐症状，早期呼吸道病症不明显，后期皮肤出现发绀性紫斑。晚期呼吸极度困难，站立不动或呈犬坐式，出现腹式呼吸。病猪死亡前体温降低，口鼻有泡沫血性分泌物。常于24 ～ 36h内死亡。部分无任何临床症状而突然死亡。

（2）急性型　病猪出现高热，呼吸困难并且咳嗽，皮肤呈红色，精神沉郁。病程长短与饲养管理和环境应激相关。

（3）亚急性型和慢性型　急性期后期经常出现，病程可至几天到1周，病猪出现轻度发热或者体温正常，精神不佳，食欲下降，呼吸异常伴有咳嗽。有不良环境因素或应激出现时，症状加重，藏猪全身肌肉苍白，心跳加快而突然死亡。

【病理剖检】

（1）最急性型　可见肺脏充血及出血，在血管内有纤维素性血栓形成。肺泡、间质水肿并且有肺部炎症出现，气管和支气管内有泡沫状带血的分泌物。

（2）急性型　肺脏出现严重炎症，心叶、尖叶和膈叶有紫红色、坚实、轮廓清晰的炎性病灶，肺间质积留血色胶样液体。在病发的后段整个肺脏出现纤维素性胸膜肺炎。

（3）亚急性型　肺脏有干酪样病灶及空洞，可见坏死碎屑存在于肺脏空洞内。当同时有继发性细菌感染时，肺炎会进一步转变为肺脏脓肿，导致胸膜与肺脏粘连在一起。

（4）慢性型　有大小不一的肺脏结节，在结节周围往往包裹有较厚的结缔组织，肺脏内部及表面均有结节，心包有出血点，并且在肺脏上有纤维素性渗出物造成粘连。

【诊断要点】根据发病藏猪是否为育成藏猪或架子猪，以及饲养环境、流行病学、临床症状及病理变化特点，可做出初诊。确诊需要进行细菌检查。镜检涂片进行革兰氏染色后，可见多形态的两极浓染的革兰氏阴性小球杆菌或纤细杆菌。血清学诊断包括补体结合试验、琼脂扩散试验和酶联免疫吸附试验等均可以检测本病。本病应注意与猪肺疫、猪气喘病进行鉴别诊断。猪肺疫常见咽喉部肿胀，皮肤、皮下组织、浆膜以及淋巴结有出血点；而传染性胸膜肺炎的病变常局限于肺和胸腔。猪肺疫的病原体为两极染色的巴氏杆菌，而猪传染性胸膜肺炎的病原体为小球杆状的放线杆菌。猪气喘病患猪的体温不升高，病程长，肺部病变对称，病变组织呈粉红色，切面仿佛切开的鲜嫩肌肉，气管切开后可见许多白色浆性或黏性液体，病灶周围无结缔组织包裹。

【防治要点】由于细菌的耐药性，虽然可以使用抗生素进行临床治疗，但是并不能消除藏猪群的感染。对于病猪的治疗，首先应解除病猪的呼吸困难症状，治疗过程中，抗生素的量与疗程至关重要。加强饲养管理是预防猪传染性胸膜肺炎的重要方法，要严格卫生消毒措施，注意藏猪场空气流通，减少应激及保证饲料均衡。采取全进全出的饲养模式，对于需要引进的藏猪种，不从疫区引进，新引进藏猪在引进后应进行免疫接种，隔离饲养一段时间后才可以混群。制定药物防治计划，在注射疫苗或者混群前，在饲料中添加抗生素进行药物预防，可以有效控制本病。此外要建立正确的免疫接种程序，以建立健康藏猪群，一般妊娠母猪在产前4周进行免疫接种，仔猪在5～8周龄时首免，2～3周后进行二免。

第十五节　藏猪葡萄球菌病

猪葡萄球菌病又称仔猪油皮病，主要引起藏猪的渗出性皮炎，是最常见的葡萄球菌感染。此外，感染藏猪还可能出现败血性多发性关节炎。

【流行特点】葡萄球菌在自然环境中普遍存在。藏猪群葡萄球菌感染一般呈散发，常由于引入带菌藏猪而发病，但藏猪的渗出性皮炎可呈现流行性，免疫力对于个体和群体发病过程有重要作用。多发于哺乳仔猪，出生后第2天的仔猪也可发病，但出生5～10d的仔猪多发。

【临床特征】该病多见于哺乳期仔猪，往往在感染后的4～6d发病。开始在病猪皮肤处会出现红斑，随后红斑转变为微黄色水疱继而破裂，并有浆液或黏液渗出，渗出黏液与灰尘、皮屑及排泄物混合干燥形成黑色坚硬厚痂皮，并呈横纹龟裂。有臭味，触之粘手如接触油脂样感觉，故俗称“猪油皮病”。去除痂皮，痂皮下部呈现红色创面，多有脓性分泌物。皮肤开始为小块病变，在发病后24 ～ 48h蔓延全身。病猪体温升高，蹄部角质脱落，食欲不振和脱水，严重者体重迅速减轻并在24h内死亡，大多数在发病10d后陆续死亡。耐过藏猪皮肤逐渐修复，经30 ～ 40d后厚痂皮脱落。该病也可引起较大日龄仔猪、育成猪或母猪发病，但病变较轻，多无全身症状，并可逐渐康复。

【病理剖检】具有明显的皮肤病变。在仔猪败血症中，看不到眼观病变。严重病例呈现脱水、消瘦；皮肤变厚，有时水肿；浅表淋巴结肿胀。头、耳、躯干与腿的皮肤及毛上积有渗出物。组织学检查可见角质层上积有蛋白质样物、炎性细胞及球菌。真皮毛细血管扩张，有的表皮下层坏死。内脏的显著病变为输尿管及肾脏肿大，肾脏中的尿液呈黏液样，内含细胞及碎屑。

慢性感染的病猪的淋巴结、肝、肺、肾、脾、关节和有骨髓炎的骨头中可能出现脓肿，脓肿的骨头可发生骨折，尤其在脊椎处。藏猪的腹腔和子宫腔可能积脓，此外，还可能见到严重的局灶性渗出性皮炎，严重急性病例可见淋巴结肿大和化脓。

【诊断要点】根据皮肤的症状即可作出初步诊断。细菌培养和药敏试验是确诊的基础，涂片革兰氏染色后，可看到单个或成串的革兰氏阳性球菌。DNA酶和透明质酸酶试验呈阳性可以进行确诊。

【防治要点】及早治疗可收到较好的效果，严重感染的猪只治疗效果不好。对发病严重的病猪最好淘汰。全身性治疗可降低皮肤病变的程度，使之仅发生浅层病变，并促进愈合过程。猪葡萄球菌易对抗生素产生耐药性，采取抗生素或与局部抗感染药并用的方法，可以加速康复和防止感染扩散。一般而言，治疗必须持续5d以上。最好依据药敏试验结果，选择长效抗生素进行治疗。治疗的同时，应给予患病猪充足的饮水和电解多维。将病猪隔离饲养，将污染的猪舍彻底清洁后用灭毒王全面消毒，每天1次，连用5d。对患病仔猪用温生理盐水冲洗全身，擦干后用红霉素软膏涂抹全身，每日1次。结合青霉素和复合维生素B治疗。

第十六节　藏猪巴氏杆菌病

猪肺疫又称猪巴氏杆菌病，俗称“锁喉风”或“肿脖子瘟”，它是由巴氏杆菌引起的急性传染病。急性呈出血性败血症，主要为咽喉炎和肺炎症状，慢性则主要为慢性肺炎症状。

【流行特点】巴氏杆菌常存在于健康畜禽的呼吸道内，当机体由于感冒、过度劳役、饥饿等导致免疫力降低时，该菌可侵入，也可经呼吸道和伤口感染。本病一年四季均可发生，但当室温升高幅度过大，或阴湿寒冷时易发病，且呈散发性或地方性流行。

【临床特征】

（1）最急性型　呈败血症经过，多数突然死亡。病程稍长者体温升高至41℃以上，咽喉肿胀，呼吸极度困难，口吐白沫，呈犬坐姿势，俗称“锁喉风”。病程1～2d，病猪常窒息而死，病死率很高。

（2）急性型　主要表现为纤维素性肺炎症状，体温升至41℃左右，咳嗽、流鼻涕、呼吸困难、黏膜发绀。病程4～7d，不死者病情常转为慢性。

（3）慢性型　病发初期临床症状不明显，后食欲和精神下降，持续性咳嗽并伴有呼吸困难，随病程延长病猪逐渐消瘦。有时发生慢性关节炎，关节肿胀而跛行。部分病猪会发生下痢，如不及时治疗常于发病2～3周后衰竭而死。

【病理剖检】

（1）最急性病例　主要表现为败血症，全身皮下黏膜、浆膜有明显的出血。淋巴结肿大，切面呈红色，尤其是咽、背及颈部淋巴结肿大明显，甚至出现坏死；胸腔及心包积液，并有纤维素状物；肺充血，水肿；脾有点状出血，但不肿大；心包膜出血。

（2）急性型病例　病猪主要表现肺部炎症，肺小叶间质水肿、增宽。病变部分质地坚实如肝，切面色彩呈大理石样。支气管内充满分泌物。胸腔和心包内积有多量淡红色混浊液体，甚至心包和胸腔发生粘连。胸部淋巴结肿大或出血。

（3）慢性经过病例　尸体消瘦，肺炎病变陈旧，有的肺组织内有坏死或干酪样物。胸膜增厚，甚至与周围邻近组织发生粘连。支气管和肠系膜淋巴结有干酪样变化。

【诊断要点】本病应根据流行特点、临床症状、病理剖解变化及其细菌学检查结果进行综合分析、判定。细菌检查方法：取藏猪血样、水肿液体染色镜检，如发现两极浓染杆菌即可确诊。

【防治要点】平时应加强饲养管理，尽量消除一切可能降低藏猪抵抗力的因素。每年春秋两季定期免疫接种猪肺疫氢氧化铝苗1次，断奶后的大小猪只一律皮下或肌内注射5mL。注射后14d可产生免疫力，免疫期为6个月。发病时，隔离病猪，及时治疗。根据情况选用下列治疗方法：选用20%磺胺噻唑钠或磺胺嘧啶钠注射液，仔猪用量为10 ～ 15mL、成年猪为20 ～ 30mL，肌内或静脉注射，每日2次，连用3 ～ 5d；青霉素和土霉素的剂量及用法与猪丹毒的治疗方法相同；链霉素为1g，一日分2次肌内注射，有一定疗效；抗猪肺疫血清，在疾病早期应用，有较好的效果。

第十七节　猪流行性肺炎

猪流行性肺炎，又称猪地方性流行性肺炎、猪气喘病或猪支原体肺炎，是由猪肺炎支原体引起的猪慢性呼吸道传染病，以咳嗽、气喘和融合性支气管肺炎为特征。世界各地广泛流行。不同年龄、性别和品种的藏猪均可感染。本病有急性、慢性和隐性三种类型，主要以病猪张口喘气、伸舌、口鼻流泡沫、腹式呼吸或呈犬坐姿势为临床特征。

【流行特点】不同年龄、性别、品种藏猪均易感，且本地土种藏猪比引进藏猪易感，其中以哺乳仔猪和断奶猪死亡率较高。病原体（即猪支原体）存在于病猪的呼吸道，通过咳嗽、喷嚏等排向外界，康复病猪长达半年至一年向外排毒。该病主要通过呼出的飞沫经呼吸道传染，健病猪直接接触（同槽、同栏）；猪舍通风不良、猪群拥挤时最易流行。本病无明显的季节性，但以冬季、春季较为多见。

【临床特征】本病潜伏期一般11 ～ 16d，最长可达1个月以上。主要临床特征为咳嗽和气喘。根据病的经过可分为急性、慢性和隐性三种类型。急性型：常见于新发病的猪群，尤其以仔猪和妊娠、哺乳母猪多见。其症状为张口喘气，伸舌，口鼻流泡沫，呈腹式呼吸或犬坐姿势，呼吸次数可达60 ～ 120次/分、咳嗽次数少而低沉，体温一般正常（伴有继发感染时可升至40℃以上），病猪死亡率较高。慢性型：见于老疫区的育肥猪和后备母猪。主要症状为早、晚吃食后或运动时发生咳嗽，严重的连续痉挛性咳嗽。咳嗽时站立不动，背拱起，颈伸直，头下垂，直至咳出分泌物咽下为止。随着病程的延长，常出现不同程度的呼吸困难，表现呼吸次数增加和腹式呼吸。体温、食欲无大影响，猪群常年大小不均，发育缓慢，慢性病程可达数月之久。

【病理剖检】本病的病变在肺门淋巴结、纵隔淋巴结，肺尖叶、心叶、中间叶、膈叶的前下部，形成左右对称的淡红色和灰红色的半透明状病灶，病、健部界限明显，似鲜嫩肌肉样病变，俗称“肉变”。随着病情加重，病变色泽变深，外观不透明，俗称“虾肉样变”。肺门和纵隔淋巴结显著增大。急性病例肺严重水肿、充血、气肿。

【诊断要点】根据典型临床症状和病理变化，结合流行病学诊断。由于本病的隐性感染者较多，在诊断时应以猪群为单位，如发现有1头病猪，即可认为该群是病猪群。确诊需进一步做实验室诊断。对阴性猪应隔离2～3个月后再复检1次。血清学检查：微粒凝集实验、间接红细胞凝集试验。本病应注意与猪流感、猪肺疫、肺丝虫病、蛔虫病相区别。肺丝虫和蛔虫的幼虫虽然可以引起咳嗽，也可能引起支气管炎，但病变部位多位于膈叶下垂部，仔细检查时可发现虫体。猪流感以突然发生、传播迅速、很快康复、预后良好为特征，多在晚秋、早春、气候骤变时流行，发病率高，病死率低，病程短，病变为呼吸道黏膜充血、呈卡他性炎症，肺水肿，肺部炎症区膨胀不全；而气喘病体温、精神变化不明显，病程较长，传播较缓慢。据此两者可以区分。

【防治要点】根据本病特点，病原体在外界存活时间不长，所以只要彻底清除病猪、带病猪，配合消毒、疫苗接种，并采用自繁自养法，可以控制或消灭本病。未发病地区或猪场，应坚持自繁自养，不从有病地区引进猪只。此外应加强饲养管理，做好经常性防疫卫生和消毒工作。

第十八节　衣原体病

衣原体是一类能通过细菌滤器、专性真核细胞内寄生、有独特生活周期的原核细胞型微生物。衣原体感染大部分生物，衣原体病是一类重要的自然疫源性疾病，是各种畜禽和人类共患的传染病。藏猪衣原体病主要是由鹦鹉热衣原体感染猪群引起不同症候群的接触性传染病。藏猪感染衣原体后，表现为肺炎、肠炎、多发性关节炎、结膜炎、母畜流产、公畜睾丸炎、尿道炎等症状。衣原体对多种抗生素敏感，常应用青霉素、四环素、氯霉素和红霉素治疗衣原体病，预后良好。

【流行特点】不同年龄、品种的藏猪群均可感染此病，尤其是怀孕母猪和新生仔猪更为敏感。育肥藏猪的平均感染率在10% ～ 50%。持续的潜伏性感染是猪衣原体病的重要流行病学特征，康复藏猪群可长期带毒。该病在猪群中主要的传染源是带菌种公、母猪。病猪通过粪便、尿液、唾液和乳汁等排出病原体，流产胎儿、胎膜和羊水等都具有传染性。猪衣原体病在秋冬流行较为严重，一般呈慢性经过。

【临床特征】本病主要通过消化道及呼吸道感染，患病器官不同，表现症状各异，常有下列几种病型。母猪流产：多发生在初产母猪，妊娠母猪在怀孕后期突然发生流产、早产、产死胎或产弱仔。种公猪感染：多为尿道炎、睾丸炎、附睾炎。肺炎：多见于断奶前后的仔猪，体温上升、精神萎靡、颤抖、干咳、呼吸急促，鼻孔流出浆液性分泌物。肠炎：新生仔猪腹泻脱水、吮乳无力，死亡率高。多发性关节炎：多见于架子猪，关节肿大，跛行，患关节触诊敏感。结膜炎：多见于养殖密度大的仔猪和架子猪，表现为畏光、流泪、结膜充血、眼角有分泌物、角膜混浊。

【病理剖检】流产藏猪的子宫内膜水肿充血，分布有大小不一的坏死灶。流产胎儿身体水肿，头颈和四肢出血，肝充血、出血和肿大；肺肿大，有出血点和出血斑，有的肺充血瘀血，质地变硬。气管、支气管内有大量分泌物。肠系膜淋巴结充血、水肿，肠黏膜充血、出血，肠内容物稀薄。肝脾肿大。关节周围组织水肿、充血或出血，关节腔内渗出物增多。

【诊断要点】通过实验室检查可以确诊，采集病料如流产胎儿、精液、大脑和血清等送检。借助血清学检查、核酸检测、涂片镜检以及病原分离鉴定可以确诊。

【防治要点】对于不同猪场，防治藏猪衣原体病策略不同。

（1）种猪场　阴性猪场，母猪在配种前1个月皮下注射2mL藏猪衣原体流产活疫苗，每年免疫1次。在阳性猪场，对于已经确诊衣原体感染的种公猪和母猪应予以淘汰，其产下的仔猪不能作为种猪。

（2）商品藏猪场　种公猪和繁殖母猪用衣原体流产活疫苗免疫1次，连续2～3年。有临床症状的母猪和仔猪应及时用四环素类抗生素等敏感药物治疗。流产胎儿、死胎等要用消毒液彻底消毒，对环境消毒。新引进的猪群要隔离检疫，阳性猪群不能混合饲养。

（3）药物预防及治疗　对出现临床症状的新生仔猪，可肌内注射1%土霉素，1mL/kg，连续5～7d。对怀孕母猪在产前2～3周可注射四环素类抗生素，以预防新生仔猪感染本病。

第十九节　猪附红细胞体病

猪附红细胞体病是由附红细胞体寄生于猪的红细胞

表面或游离于血浆、组织液及脑脊液中引起的一种人畜共患病。藏猪发病时，皮肤发红，故又称“猪红皮病”。猪附红细胞体病主要以急性、黄疸性贫血和发热为特征，严重时可导致死亡。

【流行特点】哺乳类动物如人、牛、藏猪和羊等均能感染附红细胞体，发病动物和带菌动物是主要传染源。该病通过血液、交配和胎盘传播。附红细胞体病一般发生在抵抗力下降的猪群，分娩、过度拥挤以及恶劣的天气，更换圈舍、饲料或发生慢性传染病时，也可暴发附红细胞体病。

【临床特征】附红细胞体病藏猪一般在进入产房或分娩后3～4d出现临床症状。急性期的典型症状是出现黏膜苍白。处于急性期的母猪出现厌食，发热可达42℃，黄疸，四肢发绀，乳房或外阴水肿持续1～3d，产奶量下降。母猪有可能出现繁殖障碍。即使仔猪没有感染，由于母猪贫血出现繁殖障碍，产出的仔猪也会贫血并且体质较差易发病。

【病理剖检】可见黏膜浆膜黄染，弥散性血管炎症，有浆细胞、淋巴细胞和单核细胞等聚集于血管周围；肝脾肿大，肝脏脂肪变性，胆汁浓稠，肝脏有实质性炎性变化和坏死。脾被膜有结节，结构模糊；肺、心、肾等都有不同程度的炎性变化。死亡动物的病变广泛，往往具有全身性。

【诊断要点】血清姬姆萨染色后，虫体可染成紫红色，但该染色方法的缺点是姬姆萨色素沉着，容易形成假象。动物试验是确定藏猪附红细胞体病的方法之一。常用的试验动物是小白鼠，用小猪作为试验动物时则需摘除脾脏。PCR诊断已经成功地用于藏猪附红细胞体病，但该方法不能区别带虫藏猪和发病藏猪。

【防治要点】目前用于治疗藏猪附红细胞体病的药物虽有多种，但真正有特效并能将虫体完全清除的药物还不存在。推荐使用药物：① 贝尼尔。藏猪发病初期，该药效果较好，按5～7mg/kg深部肌内注射，间隔48h重复用药1次。② 新胂凡纳明。按10～15mg/kg静脉注射，一般3d后症状可消除。③ 对氨基苯胂酸钠。对病猪群，每吨饲料混入180g，连用1周，以后改为半量，连用1个月。④ 土霉素或四环素。3mg/kg肌内注射，连用1周。

第二十节　猪痢疾

猪痢疾又称猪血痢、黑痢、黏液出血性下痢、猪密螺旋体痢疾，是由猪密螺旋体引起的藏猪的一种肠道传染病。其主要特征是大肠黏膜出现出血性卡他性炎症，进而发展成为纤维素性坏死性炎症，是一种严重危害肠道的传染病。各年龄、品种、性别的藏猪都可以感染，感染后病猪生长受阻或死亡，给养殖业带来巨大的经济损失。

【流行特点】本病各年龄段藏猪均易感，以7～12周龄保育藏猪发病较多。病猪、临床康复猪（可带菌数月）和无症状带菌猪是主要传染源。病猪排出大量病菌，污染环境、饲料、饮水，经消化道感染。本病传播速度缓慢，流行期长，一旦传入猪场很难清除，应以预防为主。同时，各种应激因素，如阴雨潮湿、猪舍积粪、气候多变、拥挤、长途运输及饲料突变均可使本病发生和流行。

【临床特征】

（1）最急性型　多数病例表现为厌食、剧烈下痢，内含黏液和带有血液或血块，粪腥臭，病猪呈高度脱水状态，往往在抽搐状态下死亡且死亡率很高。

（2）急性型　病猪排软便或稀便，继而粪便中含有血液和血凝块，或含有咖啡色脱落黏膜组织碎片。病猪食欲减退。

（3）亚急性型和慢性型　病猪下痢反复发生，病程为3～4周。病猪进行性消瘦、贫血、生长迟滞。

【病理剖检】病变主要在大肠，可见盲肠、结肠和直肠等黏膜充血、出血，呈渗出性卡他性炎症变化。急性期肠壁呈水肿性肥厚，大肠松弛，肠系膜淋巴结肿胀，肠内容物为水样，恶臭并含有黏液。肠黏膜常附有灰白色纤维素样物质，特别在盲肠端出现充血、出血，水肿和卡他性炎症更为显著。

【诊断要点】根据本病流行病学、症状和病变可作出初诊。确诊还有赖于实验室检查。通过显微镜检查，采集急性期病猪粪便抹片染色或暗视野检查，发现多量猪密螺旋体（≥5条/视野）可确诊。采用病原体分离和鉴定及肠致病性实验也可确诊。

【防治要点】禁止从疫区引进种猪。引进的猪只应隔离检疫，观察时间最少是2个月。加强饲养管理和清洁卫生，实行全进全出。发病藏猪群应全群淘汰，彻底消毒并空圈2～3个月。药物防治：痢立清、痢菌净、林可霉素、新霉素、泰乐菌素和泰妙菌素等。

第四章
藏猪疫病防治概述

第一节 藏猪传染病疫情调查和分析

藏猪主产于青藏高原，是世界上少有的高原型猪种，以草地放牧、居民居住地附近自由觅食为主要饲养方式。根据数据调查及查找文献，藏猪主要的病毒性疾病包括猪流行性腹泻病毒病和猪甲型流感病毒病；寄生虫感染中细颈囊尾蚴、肝片吸虫和球虫感染率最高；主要的细菌性疾病多为产肠毒素大肠杆菌和肠球菌所引起。除此之外，藏猪所在地区常见的人畜共患病主要包括猪甲型流感病毒病、戊型肝炎病毒病、包虫病、弓形虫病、旋毛虫病和乙型脑炎病等。风险因素分析发现，藏猪疫病常受到年龄、猪舍环境、散养模式、捕食种类、驱虫与接种频率以及天气状况、高原环境等因素影响。

当藏猪场发生疫病时需要确定调查的内容如下。

（1）疫病流行情况　最初发病时间、地点，蔓延情况，疫病传播速度和持续时间。

（2）发病家畜的种类、数量、年龄、性别、发病率、死亡率、发病前的饲养管理、饲料、用药及发病后诊治情况以及采取了哪些措施。

疫情调查包括以下几个方面：疫点、疫区、受威胁区、患病动物上端原产地、患病动物下端原产地。

（1）疫点　患病动物临床症状、剖检变化，初诊结论；发病前存栏数、发病数、死亡数；免疫情况、免疫程序；发病前21天、发病后至开始进行疫病调查的当日进出疫点的人员、车辆及产品；消毒及无害化处理执行情况；疫点近3年内相关发病情况。

（2）疫区　疫区相关动物免疫情况及程序；发病数和死亡数；疫情（近3年内）及疫情处置情况；近6个月内免疫抗体与病原监测；消毒及无害化处理。

（3）受威胁区　易感动物的免疫及免疫程序；是否进行过免疫抗体与病原监测，免疫是否在有效期内；动物免疫是否存在空白区域；预防消毒情况。

（4）患病动物上端原产地（溯源）　相关动物的免疫及免疫程序；动物所在地的疫情及疫情处置。

（5）患病动物下端原产地（追踪）　动物去向、途径、终点（销售点、饲养点等），上述地点周边易感动物免疫情况；患病动物的处置及无害化处理。

当藏猪场发生疫病时，对于传播途径和方式的调查如下。

（1）调查传染源　即病畜、带菌者或染疫畜禽产品的来源情况。

（2）调查传播方式　一是没有外界因素影响的情况下，病畜与健康畜直接接触的直接传播。二是病原体通过媒介物如饲料、饮水、空气、土壤、用具、动物、工作人员等的间接传播。

（3）当地动物防疫卫生状况，畜禽流动、交易市场、交通检疫、产地检疫、屠宰检疫、检疫申报、检疫隔离、动物调运备案、病死畜禽无害化处理情况。

2022年修订的一、二、三类动物疫病病种名录见附录一。

第二节　不同阶段藏猪常见疾病的症状

一、仔猪常见疾病的症状

1.消化道疾病

（1）仔猪黄痢　多发生于1周龄内（3 ～ 7日龄），

以剧烈腹泻、拉黄色或黄白色水样粪便为主要临床症状。

（2）仔猪白痢　10～30d的仔猪易感，排乳白色或灰白色浆状、糊状粪便，发病率高。

（3）病毒性腹泻　呕吐，水样腹泻，脱水日龄越小，症状越严重，哺乳仔猪死亡率达50%～100%。

（4）便秘　由于肠内容物停滞，水分被吸收而造成。饮水、运动不足，或者突然换饲料、气温变化大，或者长期在饲料中加抗菌类药物等都会导致便秘。

2.呼吸道疾病

连续咳嗽或打喷嚏，呼吸速度加快，部分病猪呼吸困难。病猪体况下降，鼻周围有黏液或脓液，无精打采，反应迟钝，扎堆。

3.恶习

（1）啃墙　墙/设备上有牙印，地上有散落的墙皮。

（2）仔猪咬斗　被咬的猪尖叫，咬尾的猪追赶其他猪，猪舍有血腥味。

4.猪流感

病猪表现为突然发热，体温升高达40～42℃，精神高度沉郁，眼结膜潮红，卧地不起，寒颤，关节疼痛，行走无力，不食。流黏液性鼻涕，咳嗽、喘气、腹式呼吸，呼吸困难。粪便干硬，尿少色黄。

5.仔猪抖抖病

仔猪出生不久后，全身或局部肌肉阵发性痉挛。病因复杂，受遗传、病毒、环境影响。患该病的仔猪因吃不上奶常常被饿死、压死等，所以该病的存活率与精心护理程度有密切关系。精心看护才能提高仔猪存活率。

6.贫血病

仔猪表现为食欲不振，生长缓慢，精神沉郁，机体消瘦、衰弱，不喜欢运动，腹泻或便秘等。

二、保育猪常见疾病的症状

1.腹泻

病猪无精打采，反应迟钝。腹部凹陷，皮肤无血色，臀部脏，地面、墙面等处有稀便，环境中有腹泻后的臭味。病猪体重和体质下降，脱水虚弱。粪便中一般带血，黏液较多。

2.呼吸道症状

保育猪常见的呼吸系统疾病具有一定的共性，例如：

咳嗽或连续咳嗽，出现打喷嚏的声音；呼吸速度加快，呼吸困难，鼻周围有黏液或脓液；体况下降，脊柱突出；精神萎靡，无精打采，反应迟钝。

3. 恶习

（1）吮吸肚脐　猪场中某些猪会出现吮吸其他猪的肚脐，导致其他猪肚脐红肿。

（2）咬尾　被咬猪后部出血，猪场环境包括墙面或设备表面出现血迹；环境中有血腥味。

（3）咬耳　耳根或耳尖疼痛或肿胀，出血后结痂，一头猪咬另一头猪的耳朵。猪舍中出现骚乱、噪声或打斗。

4. 猪渗出性皮炎

常发于1～6周龄幼猪。由于仔猪间打架咬伤、粗糙地面及墙壁的摩擦、患疥癣、抓伤等造成伤口感染而引起猪渗出性皮炎。病初在肛门和眼睛周围、耳郭和腹部等无被毛处皮肤上出现红斑，之后变成微黄色水疱，迅速破裂，流出清澈的浆液或黏液，与皮屑、皮脂和污垢混合，皮肤变得湿黏，呈油脂状，干燥后形成龟裂硬层，或棕色鳞片状痂皮，发痒。痂皮脱落后，露出鲜红色创面。通常在1～2d内蔓延至全身表皮。病仔猪食欲减退、饮欲增加，迅速消瘦。一般经30～40d康复，但影响发育。严重病例可在4～6d内死亡。

5.脑膜炎

猪站立时头歪向一侧，出现转圈行为或步伐不稳，普遍缺乏平衡性和协调性。病猪常常颤抖、毛直立；病猪侧卧，四肢呈游泳状划行，眼睛忽动忽停。

三、育肥猪常见疾病的症状

育肥猪常见的疾病有呼吸道疾病、消化道疾病、咬尾、跛腿和脱肛等。

呼吸道疾病多由于猪舍内空气中刺激性气体多、粉尘多导致，藏猪呼吸加快或者呼吸困难，有咳嗽或打喷嚏的声音，或者鼻子周围有黏液或流黏液。应做好猪舍内粪尿的清理，使用漏缝地板，做好舍内卫生，防止过多的氨气和硫化氢产生。藏猪拥挤或扎堆多由于藏猪舍内温度变化过大，应注意猪舍的保温和降温，将舍内温度控制在猪的最适温度范围内。体重下降、脊柱突起、无精打采、发呆、反应迟钝，多由于舍内通风差、粉尘多，含有多种呼吸道致病微生物导致。应做好舍内通风。

藏猪咬尾是另一个在育肥阶段常见的问题，常见到猪的后背、墙壁、设备上有血，尾巴被咬、流血，被咬的猪尖叫，咬尾的猪追赶其他猪，猪舍内有血腥味。咬尾多由于饲养密度过大、育肥猪之间争斗造成。亦可因饲料中缺乏微量元素导致育肥猪出现异食癖而引发。防止藏猪咬尾应减少饲养密度，加强饲养管理，提供充足的全价饲料，及时断尾、去势，减少猪只争斗。

藏猪跛腿是指藏猪肢体受损导致的行走姿势不正常。常见的症状有跛行、僵直、移动缓慢或不能起身，关节或蹄部肿胀、擦伤、疼痛、伤口或有脓肿，病猪或伤猪有典型的叫声。藏猪跛腿多由于外伤，如地面破损摔伤或刮粪板夹伤，链球菌、副猪嗜血杆菌、支原体感染，钙磷和维生素D摄入不足造成。防治时应转出跛腿藏猪，单独饲养，使用抗生素。

育肥藏猪消化系统疾病是常见疾病，常表现为地面、猪栏或设备上有腹泻的粪便，猪后半身很脏，粪便颜色异常或粪便中有黏液，猪无精打采、反应迟钝，伴随体重迅速下降。常见消化系统疾病的原因有病原微生物感染，如流行性腹泻病毒、传染性胃肠炎病毒、猪密螺旋体、沙门氏菌、大肠杆菌感染等。

防治藏猪消化系统疾病，应做到消灭老鼠、苍蝇、蚊子、蟑螂等；饲料定期检查，清除霉变和污染饲料；圈舍定期消毒，做好环境卫生。

脱肛好发于长期便秘、剧烈腹泻的育肥期藏猪。常见症状有猪臀部和其他猪头部及身上有血液，猪栏或设备上有血液，鲜红色的直肠内膜外翻出来。治疗脱肛的方法有手术缝合、肌注抗生素、隔离单独饲养、伤口清理消毒。

四、母猪常见疾病的症状

（1）子宫内膜炎　发情反常、消瘦、屡配不孕，直接导致繁殖能力下降，产后食欲不振、体温偏高、呼吸加快，同时外阴流出淡黄色或灰白色的黏性脓液，多数黏附于尾根及阴部周围，并散发出恶臭气味。

（2）乳腺炎

① 简单型乳腺炎：出现一个或多个肿胀、疼痛的乳房，病症可能自己消失或变成慢性，甚至仔猪断奶后乳房仍肿胀、坚硬、冰冷，通常没有痛觉，乳房常分泌脓汁。

② 毒血型乳腺炎：乳房皮肤紫色、坏疽，通常会引起母猪死亡。

③ 无乳综合征：母猪在产后呈病态，食欲减退，分泌少许乳汁，乳房肿胀、发热和稍有痛觉，乳房内实质感觉坚硬。母猪常以胸部着地躺下，不让仔猪吮吸。

④ 泌乳障碍综合征：母猪兴奋不安，有的乳房坚实且充满乳汁，但是没有泌乳，对仔猪尖锐牙齿吮吸乳房所造成的疼痛非常敏感，不让仔猪吮吸，部分母猪乳头病变阻止乳汁排出。

（3）阴道炎　阴唇肿胀，有时可见溃疡，手触摸阴唇时母猪表现有疼痛感。阴道黏膜肿胀、充血，肿胀严重时手伸入即感困难，并有热痛或干燥之感。病猪常呈排尿姿势但尿量很少，常努责，排出有臭味的暗红色黏液，并在阴门周围干固形成黑色的痂皮，检查阴道时可见黏膜上被覆一层灰黄色薄膜。

（4）胎衣不下　胎衣不下时，母猪不安、喜饮水、努责、食欲减退或废食，有时母猪阴门内流出红褐色液体，其内常混有分解的胎衣碎片。

（5）恶露不止　从阴门排出大量灰红色或黄白色有臭味的黏液性或脓性分泌物，严重者呈污红色或棕色，有的猪场后备母猪也有发生。

（6）子宫脱出　病猪子宫一角或两角的一部分脱出，其黏膜呈紫红色，血管易破裂，有的流出鲜红的血液，不久则子宫完全脱出。脱出时间长时，子宫黏膜瘀血、水肿，脱出的子宫呈暗红色，易黏附泥土、草末、粪便。病猪出现严重的全身症状，体温升高，心跳和呼吸增数。

（7）产后瘫痪　病猪站立困难，后躯摇摆，行走谨慎，肌肉有疼痛反应，食欲锐减或拒食，大便干燥或停止排便，小便赤黄，体温正常或略偏低，缺奶或无奶。病后期患猪反应迟钝或丧失知觉，四肢瘫痪，精神萎靡，呈昏睡状态。

（8）产后跛行　患猪精神沉郁，后躯摇晃、对刺激不敏感。尿液呈黄色，粪干呈羊粪球状。饮食欲明显下降，泌乳量下降甚至无乳。四肢站立无力，脚不停颤抖，疼痛尖叫。严重的卧地不起，皮肤溃烂，饮食废绝。

（9）产前不食　食欲减退或废绝，精神委顿，体温、呼吸、脉搏均正常，卧地不起或时起时卧，便秘，尿量减少，母猪消瘦。

（10）产后便秘　精神萎靡不振，食欲减退，饮水欲望增加，呼吸次数增加，卧地不安，频繁地站立、卧下，努责作排便姿势，但只能排出少量的粪便。粪便呈干硬的球状，表面包裹有大量黏液。部分患病猪还会出现腹痛症状，发病后期肠鸣音消失。

（11）母猪产后高热　产后体温升高，呼吸急迫，不食，阴户内流出脓性分泌物。乳房红肿明显，有的表现一侧或双侧肿胀，质地坚硬，患部呈青紫色无乳；也有的乳房肿胀不明显，但仔猪吃奶后，母猪剧烈疼痛，发出尖叫声，拒绝仔猪吸乳。

（12）产后低温　分娩之后，在1～2d内会出现体温持续偏低的现象，维持在37.5℃以下。采食欲望下降，只饮用少量水。精神状态低迷，耳尖、四肢末端发凉。身体虚弱，被毛杂乱，全身肌肉震颤，不愿意行动。长时间卧地不起，泌乳量逐渐下降。

（13）乙型脑炎　妊娠母猪突然发生流产，产出死胎、木乃伊胎和弱胎。

（14）乏情

① 后备母猪乏情：后备母猪到达一定年龄和达到一定体重后不发情、发情征状不明显或安静发情。

② 经产母猪乏情：母猪断奶后3～7d发情，但部分母猪断奶后半个月甚至1个月不发情，或者是正常发情，但屡配不孕。

（15）屡配不孕　母猪正常发情，接受公猪爬跨，但经多次配种后不受孕。

（16）阴道脱出　妊娠后期，一般脱出物约拳头大，呈红色，半球形或球形。初脱时，母猪卧地则阴门张开，阴道黏膜外露，当患猪站立时，脱出部分自行缩回，以后发展为阴道全部脱出，此时脱出的阴道不能自行缩回，其黏膜变为暗红色，常沾污粪便，有的黏膜干裂。病猪精神、食欲大部分正常。

（17）卵巢囊肿　患病母猪肥壮，性欲亢进，频繁发情，外阴充血、肿胀，常流出大量透明黏性分泌物，但屡配不孕。患病母猪卵巢体积增大、质硬，挤压无痛感。

（18）母猪超期妊娠　超过预产期5d仍然不生产的异常妊娠情况。这种情况经常伴有弱胎、死胎。

（19）早产　离预产期大概还有10d内的生产现象，这种情况会造成母猪产弱仔，成活率低。

（20）流产

① 配种后流产：配种后1个月以上到预产期前10d之间的非正常生产现象。初产母猪多发。

② 隐性流产：配种后1个月内发生的不易被发觉的流产。繁殖母猪配种以后的下一个情期没有出现发情的征状，但是间隔了1～2个情期后却出现了发情。

③ 部分流产：妊娠中后期母猪突然发热、流产，流产数头以后停止，也有全部流产的。

（21）产后尿潴留　也称为母猪产后尿闭症，患病母猪精神沉郁，体温正常，采食减少或无食欲，侧卧在地或呈犬坐姿势，眼结膜潮红，任由仔猪拱动，不断发出呼叫声。腹围逐渐增大，呈胸式呼吸，腹下后部触诊可感膀胱有充盈的积液。有时表现起卧不安，频频举尾、弓腰，努责排尿，每次尿量甚微或排不出尿；有的母猪会拒绝给仔猪哺乳。

（22）母猪食仔癖　母猪食仔、咬仔、压仔。

（23）母猪产褥热症　母猪产后1～2d体温升高到41～42℃，呼吸急迫，不食，阴户内流出脓性分泌物。乳房红肿明显，有的表现一侧或双侧肿胀，质地坚硬，患部呈青紫色，无乳；也有的乳房肿胀不明显，体温升高，但仔猪吃奶后，母猪剧烈疼痛，发出尖叫声，拒绝仔猪吸乳。此时仔猪由于吃奶不足或吃不到正常奶水，死亡率高。

（24）母猪难产　产程延长，母猪烦躁不安、反复起卧、体力衰竭、进食减少。有的母猪频频努责，不见胎儿产出；有的母猪产下部分仔猪后，努责轻微或者不再努责，长时间静卧。

（25）母猪腹胀　母猪采食后肚子变得滚圆，有明显的胃痛感觉，趴卧于地，护着自己的腹部，不肯给仔猪喂奶。

（26）母猪尿血　食欲减退、精神沉郁、体温升高、排尿时有疼痛感、排出大量鲜红色尿液。

五、正常猪群与异常猪群行为表现的区别

早期发现猪群的异常动态是猪场健康管理最优先考虑的事情。

正常猪群的猪表现为主动接近人，精神状态良好；靠近猪群时不会发出尖叫声；行为状态上表现正常侧卧，猪只平均占地不扎堆；呼吸平稳，饮食、行动正常。反之，异常猪群见人惊慌、尖叫，不主动接近人，精神沉郁或异常兴奋，神情担惊受怕，喜欢扎堆，易相互冲突啃咬，呼吸急促不平稳，伴有咳嗽症状，步行异常。

六、健康猪与病猪的识别

健康猪体表无创伤痕迹，皮肤光滑干净，被毛整齐平整，体况正常且丰满，腹部正常偏饱满；关节正常，运行方便，鼻镜湿润无异常鼻涕，眼睛清澈透亮，尾巴上挺弯曲有力；排便正常，排泄物成形且颜色正常；行动迅速，平衡协调性好；精神敏锐，体温正常，呼吸频率正常，不与同群其他猪只起冲突，自然卧躺。

反之，发病猪体表可能带有明显的擦伤、破损和出

血，皮肤颜色异常，表现为暗淡、苍白或者缺少血色；毛发杂乱且粗糙；体况营养不良，表现为瘦弱、脊柱突出；腹部凹陷，关节肿胀有伤口导致行动不便或缓慢；鼻镜干燥出血或流异常鼻涕；眼睛无神、潮红、充血，有泪斑；尾巴无力、下垂，排泄物颜色、气味、形状表现异常；精神异常兴奋或沉郁，表现为迟钝或者无精打采；与猪群容易发生冲突，休息喜爱扎堆；体温不正常，或高或低；呼吸频率异常，叫声奇怪、痛苦。

第三节　藏猪免疫接种规程

一、生长肥育猪的免疫程序

1日龄：猪瘟弱毒苗超免，仔猪出生后未采食初乳前，先注射一头份猪瘟弱毒苗，隔1～2h后再让仔猪吃初乳，适用于常发猪瘟的藏猪场。

7～15日龄：气喘病苗。

10日龄：传染性萎缩性鼻炎疫苗，肌注或皮下注射。

10～15日龄：仔猪水肿苗。

20日龄：肌注猪瘟苗。

25～30日龄：肌注伪狂犬病弱毒苗。

30日龄：肌注传染性萎缩性鼻炎疫苗。

35～60日龄：仔猪副伤寒菌苗，口服或肌注（在疫区，首免后隔3～4周再二免）。

60日龄：猪瘟、猪肺疫、猪丹毒三联苗，2倍量肌注。

二、后备公、母猪的免疫程序

配种前1个月肌注细小病毒疫苗。配种前20～30d注射猪瘟、猪丹毒二联苗（或加猪肺疫的三联苗），4倍量肌注。每年春天（3～4月份）肌注乙型脑炎疫苗1次。配种前1个月接种1次伪狂犬病疫苗。

三、经产母猪免疫程序

空怀期：注射猪瘟、猪丹毒二联苗（或加猪肺疫的三联苗），4倍量肌注。

每年肌注一次细小病毒病灭活苗，3年后可不肌注。每年春天3～4月份肌注1次乙脑苗，3年后可不肌注。产前2周肌注气喘病灭活苗。产前45d、15d分别注射K88、K99、987P大肠杆菌苗。产前45d，肌注传染性胃肠炎、流行性腹泻二联苗。产前35d，皮下注射传染性萎缩性鼻炎灭活苗。藏猪配套免疫程序见附录八。

第四节　藏猪药物防治

一、药物分类

1.抗病毒药

藏猪病毒病有很多种类，如猪瘟、藏猪细小病毒病、蓝耳病、伪狂犬病、高热病、口蹄疫等。大多病毒病都没有有效的治疗药物。治疗藏猪病毒病首选清热解毒、提高抵抗力的中成药，如黄芪多糖、双黄连、板青合剂等中药提取物饮水或者拌料。中药可以使用荆防败毒散、扶正解毒散、黄连解毒散、四味穿心莲散、清瘟败毒散拌料。在防治病毒病的同时需要使用一些广谱抗菌药来防治继发细菌感染，如阿莫西林、强效磺胺和复方磺胺。

2.呼吸道疾病药物

藏猪的呼吸道疾病以猪传染性胸膜肺炎和猪支原体感染为主。用药方案：① 赛氟（咳喘素）配合止咳散拌料或者饮水。② 替米考星预混剂配合止咳散拌料或者饮水。个别患病严重藏猪注射氟清。

3.抗菌药

育肥猪和种公猪在饲养过程中会经常使用一些广谱

抗菌药来预防细菌感染。用药方案：阿莫西林或强效磺胺或复方磺胺，也可以使用对革兰氏阳性菌作用强的林可霉素可溶性粉。细菌或其他原因引起的肠道感染，常发生于仔猪和育肥猪。种猪由于饲养条件好，发生率低。育肥猪可以使用氟苯尼考粉或者痢清散（白头翁散）拌料。仔猪可以使用止痢散，也可以通过给哺乳母猪用药来治疗仔猪黄白痢。

4.附红细胞体病常用药

附红细胞体病是藏猪由于附红细胞体感染血液造成的以贫血、黄疸、消瘦等症状为主的疾病。

5.藏猪弓形体和链球菌病常用药

用药方案：强效磺胺或者复方磺胺。

6.母猪保健方案

母猪在怀孕前期尽量减少药物使用，特别是抗生素类。母猪应该在预产期前30d左右进行一次驱虫，用药方案：芬苯达唑粉或者阿维菌素粉。在开产前15d使用黄芪多糖，开产前后7d连续使用林可霉素可溶性粉配合黄芪多糖。使用目的：提高仔猪成活率，减少仔猪黄、白、红痢，减少母猪产后疾病，对母猪快速恢复体质有很大作用。

7.驱虫药

种公猪每年进行2～4次驱虫，育肥猪在开始育肥前驱虫1次，种母猪在产前30d进行1次驱虫。用药方案：芬苯达唑粉或者阿维菌素粉。

8.促消化、促生长药

种公猪、种母猪和育肥猪都可以每月使用一次健胃散促进消化和吸收，减少由于消化不良引起的各类疾病。也可以长期添加大蒜素和育肥猪专用维生素，对消化和生长有很好的促进作用。

9.防霉剂

对于饲料发霉严重的现象，可以在饲料中加入脱霉剂，减少霉菌毒素的感染。建议种猪不要使用发霉的饲料。

10.消毒剂

藏猪场推荐使用的消毒药品及其用法见附录九。

二、用药注意事项

在疾病的诊治过程中，大多会根据患病藏猪的症状而用药，如看见藏猪群有腹泻现象就用止泻药物，看到藏猪发热就用退热的药物，其实这种选择用药的方法是错误的，而且有可能导致疾病的恶化，所以在生产中对病猪的治疗要慎重选药。

1.安全用药

在选择治疗药物时最好要选择副作用小、残留少的药物，不用违禁药物。如链霉素与庆大霉素、卡那霉素配合使用，其药物残留会加重对消费者听觉神经中枢的危害。有些抗菌药物因为代谢较慢，用药后的动物产品可能会对人体造成伤害。因此，这些药物都有休药期的规定，用药时必须充分注意动物及其产品的上市日期，防止药残超标对消费者健康造成安全隐患。不使用禁用药物、过期药物、变质药物、假劣药物和淘汰药物，因为这些药物不但无防病作用，还会导致耐药性和药物残留，危害人类健康。

2.合理用药

所谓合理用药，首先就是要对症下药，然后就是要控制用药的剂量和最佳的用药时间。要依病情科学、合理地选择和使用药物。严格用药剂量，用药剂量过小，达不到治病效果和目的；但是用药剂量也不宜过大，过大不但造成药物浪费，而且还会引起药害。过量使用抗生素，还会使病原微生物产生耐药性，给防治带来困难。一般来说，用药越早效果越好，特别是微生物感染性疾病，及早用药可以迅速、有效地控制病情。但是对于细菌性痢疾造成的腹泻，则不宜过早止泻，因为过早止泻会使病菌无法及时排出，使其在猪体内大量繁殖，结果不但不利于病情好转，反而会引起更严重的腹泻。一般对症治疗的药物不宜早用，因为早用这些药物虽然可以缓解症状，但在客观上会损害猪体的保护性反应机能，掩盖疾病真相，给诊断和防治带来困难。

3.有效用药

要充分考虑药物的特性选择合理的给药途径，如内服不易吸收的药物要采取注射给药。一些苦味健胃药如龙胆酊、马钱子酊等，只有通过口服的途径，才能刺激味蕾、反射性地提高食物中枢的兴奋性，加强唾液和胃液的分泌，发挥药物的疗效。另外还要注意药物的有效浓度维持时间。肌内注射卡那霉素，有效浓度维持时间为12h。因此，连续肌内注射卡那霉素，间隔时间应在10h以内。青霉素粉针剂一般应每隔4～6h重复用药1次，普鲁卡因青霉素油剂则可以间隔24h用药1次。

4.注意药物之间的配伍禁忌

在用药时还要注意各种药物之间是否有禁忌，如酸性药物与碱性药物不能混合使用，混用后会使药效降低或丧失；口服活菌制剂时应禁用抗菌药物和吸附剂；磺胺类药物与维生素C合用，会产生沉淀；磺胺嘧啶钠注射液与大多数抗生素配合都会产生沉淀或变色现象，不可混用。

第五章 藏猪其他病

第一节　饲喂腐败饲料中毒

腐败饲料中往往含有较多的亚硝酸盐，动物因食入或饮用含多量亚硝酸盐的饲料和水而引起中毒，可引起化学中毒性高铁血红蛋白血症，也称为“变性血红蛋白症”或“高铁血红蛋白症”。因本病通过消化道途径发生，引起皮肤、口腔黏膜呈青紫色，又称为“肠源性青紫症”。

【流行特点】各种动物都能发生，但不同动物敏感性不同，一般来说，猪＞牛＞羊＞马，家禽和兔也可发生。由于藏猪对亚硝酸盐特别敏感，容易发生藏猪的“饱潲症”，即藏猪吃饱后突然死亡。本病一年四季皆可发生，但以春末、秋冬发病最多。

【临床特征】

（1）最急性型　中毒藏猪常在采食后15min至数小时内发病，常无明显症状，或仅稍显不安，站立不稳，倒地而死。

（2）急性型　显著不安，呈严重的呼吸困难，脉搏急速细弱，全身发绀。体温正常或偏低，躯体末梢部位冰凉。耳尖、尾端的血管中血液量少而凝滞，在刺破时仅渗出少量黑褐色血液。

【病理剖检】中毒藏猪腹部胀满，口鼻呈乌紫色并流出淡红色泡沫状液体。眼结膜呈棕褐色，血液呈煤焦油状，凝固不良。胃肠道出血、充血，黏膜易脱落。心内外膜和心肌出血，其他器官充血，呈暗红色。

【诊断要点】根据病史（是否饲喂腐烂变质或加工不当的青贮饲料）、症状（呕吐、腹泻、痉挛及黏膜发紫）、病理变化（剖检发现口鼻有泡沫状液体、器官出血和血液凝固不良），结合血液中变性血红蛋白测定及胃肠道中亚硝酸盐检测结果即可确诊。

【防治要点】改善青绿饲料的堆放和蒸煮过程，接近收割的饲料不要再施用氮肥或除草剂。可将可疑青绿饲料1份与3份干草混喂，避免中毒。防止把硝酸盐肥料、药品和亚硝酸盐误认为饲料盐使用。

第二节　棉籽饼粕中毒

棉籽饼粕中毒是藏猪长期或大量摄入榨油后的棉籽饼粕，引起的以出血性胃肠炎、全身水肿、血红蛋白尿和实质器官变性为特征的中毒性疾病。

【流行特点】本病见于长期饲喂棉籽饼粕地区的藏猪群，因长期或大量饲喂棉籽饼粕，其中的棉酚进入猪消化道后，可刺激胃肠黏膜，引起胃肠炎；吸收入血后，能损害心、肝、肾等实质器官；因心脏损害而致的心力衰竭又会引起肺水肿和全身缺氧性变化。棉酚能增强血管壁的通透性，促进血浆或血细胞渗入周围组织，使受害的组织发生浆液性浸润和出血性炎症，同时发生体腔积液。棉酚易溶于脂质，能在神经细胞积累而使神经系统功能发生紊乱。同时棉酚与体内蛋白质、铁结合，也可与一些重要的酶结合，使它们失去活性。棉酚与铁离子结合，干扰血红蛋白的合成，引起缺铁性贫血。

【临床特征】主要表现为生长缓慢、腹痛、厌食、呼吸困难、昏迷、嗜睡、麻痹等。慢性中毒藏猪表现消瘦，慢性胃肠炎和肾炎等，食欲不振，体温一般正常，伴炎症性腹泻时体温稍高。重度中毒者，饮食废绝，反刍和泌乳停止，病猪眼结膜充血、发绀，兴奋不安，弓背，肌肉震颤，尿频，有时粪尿带血，胃肠蠕动变慢，呼吸急促带鼾声，肺泡音减弱。后期四肢末端浮肿，心力衰竭，卧地不起。棉酚引起动物的中毒死亡可分为三种形式：急性致死，直接原因是血液循环衰竭；亚急性致死，是因为继发肺水肿；慢性中毒死亡，多因恶病质和营养不良。

【病理剖检】主要表现为实质器官广泛性充血和水肿，全身皮下组织呈浆液性浸润，尤以水肿部位更明显。胃肠道黏膜充血、出血和水肿，甚者肠壁溃烂。

【诊断要点】根据临床症状和棉酚含量测定结果以及动物的敏感性，可以确诊。

【防治要点】目前尚无特效疗法。应停止饲喂含毒棉籽饼粕，加速毒物的排出。提高饲料的营养水平，增加饲料中的蛋白质、维生素、矿物质和青绿饲料，可增强机体对棉酚的耐受性和解毒能力。所以，用棉籽饼粕作饲料时，其配方中蛋白质含量应略高于规定的饲养标准，如添加0.2% ～ 0.3%的合成赖氨酸、等量豆饼或适量的鱼粉、血粉等动物性蛋白质。控制棉籽饼粕的饲喂量。

目前我国生产的机榨或预压浸出的棉籽饼粕，一般含游离棉酚0.06% ～ 0.08%。在饲料中棉籽饼粕的安全用量为：肉猪可占饲料的10% ～ 20%、母猪可占5% ～ 10%。农村生产的土榨饼中棉酚含量一般约为0.2%以上，应经过去毒处理后利用，若直接利用时，其在饲料中的比例不得超过5%。至于去毒处理后的棉籽饼粕，也应根据其棉酚含量，小心食用。

第三节　菜籽饼粕中毒

藏猪长期或大量摄入不经适当处理的菜籽饼粕，可引起中毒或死亡。中毒可分为伴有血红蛋白尿的溶血性贫血型、伴有胃肠炎的消化紊乱型、伴有肺水肿的呼吸紊乱型和伴有以目盲耳聋为特征的神经型。此外，菜籽饼粕也有致甲状腺肿的作用。

【流行特点】本病在油菜籽生长地区流行，各年龄段藏猪均易感。

【临床特征】毒物引起毛细血管扩张、血容量下降和心率减慢，可见心力衰竭或休克。有感光过敏现象，精神不振，呼吸困难，咳嗽。出现胃肠炎症状，如腹痛、腹泻、粪便带血；肾炎，排尿次数增多，有时有血尿；肺气肿和肺水肿。发病后期体温下降，死亡。

溶血性贫血型：血红蛋白尿（苍白、黄疸），腹泻。

消化紊乱型：胃肠炎（粪少、瘤胃蠕动音消失、腹痛、腹泻）。

呼吸紊乱型：肺水肿，呼吸困难。

神经型：目盲耳聋，仰头和疯狂。

【病理剖检】剖检可见胃肠道黏膜充血、肿胀、出血。肾出血，肝肿大、浑浊、坏死，肺充血肿大。胸、腹腔有浆液性、出血性渗出物，肾有出血性炎症，有时膀胱积有血尿。甲状腺肿大。血液暗色，凝固不良。

【诊断要点】根据饲喂菜籽饼粕的病史、临诊有胃肠炎和血尿的症状以及剖检结果，可初步诊断。进行毒物检验可确诊。

【防治要点】无特效解毒药，中毒后立即停喂菜籽饼粕。用0.1%～1%的单宁酸洗胃。内服淀粉浆、蛋清、牛奶等以保护黏膜，减少对毒素的吸收。可适当静脉注射维生素C、维生素K、肾上腺皮质激素、利尿剂、止血药。每日饲喂菜籽饼粕的量最好不超过日粮的10%。

第四节　黄曲霉毒素中毒

黄曲霉毒素中毒是由黄曲霉毒素引起的以全身出血、消化功能紊乱、腹水、神经症状等为临床特征，以肝细胞变性、坏死，肝组织出血为主要病理变化的中毒性疾病。长期慢性小剂量摄入黄曲霉毒素，还有致癌作用。

【流行特点】一般幼年藏猪比成年藏猪敏感，雄性藏猪比雌性藏猪敏感。

【临床特征】急性型发生于2～4月龄的仔猪，尤其是食欲旺盛、体质健壮的藏猪发病率较高，多数在临床症状出现前突然死亡。亚急性型表现精神沉郁、食欲减退或丧失、口渴，粪便干硬呈球状、表面被覆黏液和血液；可视黏膜苍白，后期黄染。后肢无力，步态不稳，间歇性抽搐，严重者卧地不起，常于2～3d内死亡。慢性型多发生于育成藏猪和成年藏猪，病猪精神沉郁、食欲减退、生长缓慢或停滞、消瘦，可视黏膜黄染，皮肤表面出现紫斑，随着病情的发展，呈现兴奋不安、痉挛、角弓反张等神经症状。

【病理剖检】特征性病变在肝脏。急性型：肝脏黄染、肿大、质地变脆，广泛性出血和坏死；全身黏膜、浆膜、皮下和肌肉出血，皮下脂肪有不同程度的黄染；肾、胃及心内外膜弥漫性出血，可见出血性肠炎变化；脾脏出血性梗死，胸、腹腔内积存混有红细胞的液体。慢性型：肝细胞增生、纤维化、硬变、体积缩小，呈土黄色或苍白；病程久者，多发现肝细胞癌或胆管癌。

【诊断要点】根据饲喂发霉饲料的病史，结合临床表现（黄疸、出血、水肿、消化障碍及神经症状）和病理变化（肝细胞变性、坏死、增生，肝癌）等，可做出初步诊断。确诊必须对可疑饲料进行产毒霉菌的分离培养，测定饲料中黄曲霉毒素含量。必要时还可进行雏鸭毒性试验。

【防治要点】防止饲料霉变是预防黄曲霉毒素中毒的根本措施。加强饲草、饲料收获、运输和储藏各环节的管理工作，阻断霉菌滋生和产毒的条件，必要时用防霉剂如丙酸盐熏蒸防霉；同时定期监测饲草、饲料中黄曲霉毒素含量。对重度发霉饲料应坚决废弃，尚可利用的饲料应进行脱毒处理。一般采用碱处理法，即用5%～8%石灰水浸泡霉败饲料3～5h，再用清水冲洗可将毒素除去；也可用物理吸附法脱毒，常用的吸附剂为活性炭、白陶土、黏土、高岭土、沸石等，特别是沸石可牢固地吸附黄曲霉毒素，从而阻止黄曲霉毒素经胃肠道吸收。目前国内外学者正在研究在日粮中添加适宜的特定矿物质去除黄曲霉毒素的方法。另外，据报道，无根根霉、米根霉、黄杆菌对除去粮食中黄曲霉毒素有较好效果。

第五节　玉米赤霉烯酮中毒

玉米赤霉烯酮，又名F-2毒素，最初在患赤霉病的玉米中发现，是一种霉菌毒素，主要由镰刀菌属的菌株，如禾谷镰刀菌和三线镰刀菌产生。玉米赤霉烯酮具有类雌激素的作用，猪对其敏感，对雌性动物的生殖系统有较大危害。

【发病原因】藏猪采食了变质发霉的饲料，特别是含有容易被赤霉污染的饲料，如玉米、小麦、大豆等。

【临床特征】不同年龄和性别的藏猪，玉米赤霉烯酮中毒的临床症状有较大的区别。

对于青年公猪和种公猪，玉米赤霉烯酮中毒导致睾丸萎缩、精液精子含量减少、乳腺肿大、性欲下降。

对青年母猪和后备母猪，导致母猪阴道炎，外阴红肿、乳腺肿大。玉米赤霉烯酮的促黄体作用，导致母猪长期休情不发情、假发情、乳房肿胀。长期接触玉米赤霉烯酮可致母猪卵巢萎缩。

对怀孕母猪和哺乳母猪，玉米赤霉烯酮可造成怀孕母猪流产，产木乃伊胎、死胎，假孕。对于哺乳母猪和仔猪，玉米赤霉烯酮导致哺乳母猪产奶量减少，乳汁中的玉米赤霉烯酮可使仔猪产生雌性化现象。

【诊断要点】结合玉米赤霉烯酮的类雌激素作用导致的临床症状，检查动物饲料是否有霉变，即可确诊。

【防治要点】玉米赤霉烯酮中毒无特效治疗手段，防治要点集中于预防动物采食污染饲料上。第一，严控饲料质量，在购买和使用饲料前进行检测，如发现有玉米赤霉烯酮则不应使用；第二，注意饲料的贮藏，应贮藏在阴凉、干燥、通风处。

第六节　食盐中毒

藏猪采食大量食盐后产生的一系列疾病称为食盐中毒。短时间内大量采食食盐或者长时间采食过多食盐都会导致食盐中毒的发生。

【发病原因】藏猪采食含盐量过高的饲料，或者是使用潲水饲喂藏猪，导致藏猪摄入食盐过多。

【临床特征】中毒藏猪躁动不安、肌肉震颤、肢体痉挛、磨牙、口吐白沫、口渴但体温正常，有时伴有后肢瘫痪，不能站立，倒地呈“游泳”状，瞳孔散大，反射消失，呼吸困难。

剖检病死藏猪可发现全身组织及器官水肿，体腔及心包积水，脑水肿显著。

【诊断要点】根据病猪食盐量和（或）饮水不足的病史，临床的兴奋性神经症状和病死藏猪脑水肿可进行确诊。

【防治要点】食盐中毒的治疗：第一，给予病藏猪充足饮水，少量多次，不可一次性暴饮；第二，缓解组织水肿和脑水肿，可用甘露醇注射液100 ～ 200mL静脉注射或用50%葡萄糖液静脉注射；第三，缓解兴奋和痉挛发作应用5%溴化钾或溴化钙10 ～ 30mL静脉注射。

食盐中毒的预防：定期检查饲料和饮水，防止藏猪采食含有过多食盐的饲料，加强场内食盐的储藏和管理，避免藏猪接触食盐，避免使用潲水饲喂藏猪。

第七节　有机磷农药中毒

有机磷农药，是指含有磷元素的有机化合物农药，可通过抑制神经突触间隙的胆碱酯酶活性，造成乙酰胆碱的蓄积，导致含有胆碱能受体的组织器官发生功能障碍，造成藏猪病发。

【发病原因】藏猪采食被有机磷污染的食物，或者饮用被有机磷农药污染的水，通过消化系统吸收到一定量时，导致发生有机磷农药中毒。

【临床特征】

（1）毒蕈碱样症状　常表现为咳嗽、气促，双肺听诊有湿性啰音，严重者还会发生肺水肿、呼气大蒜味、瞳孔缩小等。

（2）烟碱样症状　产生的乙酰胆碱对横纹肌的神经肌肉进行刺激，使患猪出现血压增高、心率加快，严重者会出现呼吸肌麻痹导致呼吸衰竭和休克等现象。

（3）中枢神经系统症状　中枢神经损伤常会表现为昏迷、嗜睡等现象。

【诊断要点】主要通过有机磷中毒导致藏猪上述特定的临床症状确诊。

【防治要点】临床上可以使用胆碱酯酶复活药如碘解磷定和抗胆碱药如阿托品两者合用缓解有机磷农药中毒的临床症状。同时应对症治疗有机磷农药中毒导致的并发症状，如肺水肿和呼吸衰竭，使用利尿剂如呋塞米治疗肺水肿，使用尼可刹米兴奋呼吸中枢、缓解呼吸衰竭。

第八节　有机氟化物中毒

藏猪氟化物中毒分为有机氟化物中毒和无机氟化物中毒，其中，有机氟化物中毒是指藏猪由于误食氟乙酰胺、氟乙酸钠等有机氟化物发生的中毒，以发生呼吸困难、口吐白沫、兴奋不安为特征。

【发病原因】藏猪误食喷洒过有机氟农药的青饲料、农作物；采食用氟乙酰胺处理过的灭鼠毒饵。

【临床特征】主要表现为中枢神经系统和循环系统功能障碍，以兴奋性神经症状为主，中毒的藏猪高度亢奋，狂奔乱冲，不避障碍，进一步发生心率加快、心律不齐，并伴有呼吸困难等功能障碍。

【诊断要点】神经症状：发生有机氟化物中毒的初期，动物以兴奋性神经症状为主，表现为惊恐，尖叫，心率、呼吸加快，严重者可全身颤抖、四肢抽搐、角弓反张。后期以抑制性神经症状为主，病猪嗜睡、沉郁、肌肉松弛。

病理变化以血凝不良、胃黏膜和心内外膜出血、肝肾淤血、出血性胃肠炎为特征。

【防治要点】对症治疗，解痉、解除呼吸抑制和消除氟化物中毒造成的低钙血症。用葡萄糖酸钙或柠檬酸钙静脉注射，并辅以巴比妥、水合氯醛口服或氯丙嗪肌内注射解痉，同时使用山梗菜碱、尼可刹米、可拉明解除呼吸抑制。

第九节　硝酸盐和亚硝酸盐中毒

藏猪摄入富含硝酸盐、亚硝酸盐的饲料或饮水，从而引起高铁血红蛋白症，导致组织缺氧的一种急性、亚急性中毒性疾病。临诊体征主要以可视黏膜发绀、血液呈酱油色、呼吸困难及其他缺氧症状为特征。

【发病原因】富含硝酸盐的饲料原料，如油菜、白菜、甜菜、野菜、萝卜、马铃薯等青绿饲料，在发生腐败或者长久焖煮后，其中的硝酸盐被氧化为亚硝酸盐，而亚硝酸盐能作用于机体血红蛋白中的亚铁离子，将亚铁离子氧化为三价铁离子，导致机体呼吸作用发生障碍。

【临床特征】一般体格健壮、食欲旺盛的藏猪因采食量大而发病严重。病猪有严重的呼吸困难和多尿症状，可见黏膜发绀，体温正常或偏低，全身外周部位寒冷。由胃肠道刺激引起的胃肠炎症状，如流涎、呕吐、腹泻等。共济失调、痉挛、挣扎，或者盲目运动，心跳微弱。

临死前，角弓反张、抽搐，最后倒地而死。

解剖病死藏猪，可见血液呈酱油色，肺增大，气管、支气管、心外膜及心肌充血、出血，胃肠道黏膜充血、出血、脱落，肠道淋巴结肿大，肝脏暗红色。

【诊断要点】亚硝酸盐中毒的特征性症状是血液呈酱油色，结合变性血红蛋白检测，可进一步确诊，震荡血液并滴入1%氰化钾1～3滴后，血色即转为鲜红。

【防治要点】治疗：① 对因治疗，使用亚硝酸盐特效解毒药，如亚甲蓝或甲苯胺蓝，按每千克体重静脉注射1mL 1%的亚甲蓝或者静脉注射、肌内注射或腹腔注射配成5%溶液的甲苯胺蓝。② 对症治疗，针对亚硝酸盐中毒造成的猪只呼吸困难，使用尼克刹米、山梗菜碱等兴奋呼吸的药物，针对心脏衰弱者，注射0.1%盐酸肾上腺素溶液或10%安钠咖以强心。

预防：改善饲养管理，青绿饲料保持新鲜，不宜存放太久，不宜喂食焖煮太久的青绿饲料。

第十节　微量元素与维生素缺乏症

藏猪微量元素与维生素缺乏症是指藏猪日常采食微量元素与维生素不足，或体内微量元素和维生素过度消耗，导致机体微量元素和维生素缺乏，造成动物机体一系列的症状。不同维生素和微量元素缺乏，造成动物机体不同的症状。

藏猪常发生的微量元素与维生素缺乏症主要有硒-维生素E缺乏症，铁、锌、铜缺乏症。

【发病原因】饲料中微量元素与维生素缺乏、饲料贮藏不当，造成其中维生素损失，或饲料中含有微量元素的拮抗剂，导致饲料中的微量元素不能被动物吸收，引起动物微量元素和维生素缺乏。

【临床特征】不同微量元素与维生素缺乏造成的症状不同，应仔细鉴别。

硒-维生素E缺乏症：以骨骼肌变性、坏死，肝营养不良以及心肌纤维变性为特征。

铁缺乏症：缺铁会导致贫血，表现为血红蛋白降低、红细胞减少、黏膜苍白等症状。常发生于仔猪，故又称为仔猪贫血。

铜缺乏症：患病藏猪食欲不振，生长发育缓慢，腹泻，贫血，被毛粗糙无光泽且大量脱落，皮肤无弹性。

锌缺乏症：以食欲不振，生长迟缓，脱毛，皮肤痂皮增生、皲裂为特征。

【诊断要点】根据不同微量元素和维生素缺乏引发的

临床症状进行鉴别诊断，必要时进行治疗性诊断，为患病藏猪补充缺乏的维生素或微量元素，观察其症状是否缓解。

【防治要点】预防动物微量元素和维生素缺乏的重点是提高饲养水平。在饲料的选用上要选择全价藏猪饲料，在饲料的贮藏上应避免在高温潮湿的条件下，同时尽可能饲喂新鲜饲料，减少储藏期间饲料中维生素的损耗。必要时可使用含有特定维生素或微量元素的针剂注射。

硒-维生素E缺乏症：使用0.1%亚硒酸钠溶液肌内注射。

铁缺乏症：葡聚糖铁钴注射液（每毫升含铁50mg）2mL，深部肌内注射，间隔7d后注射第二针。

铜缺乏症：可静注0.1 ～ 0.3g硫酸铜溶液或口服硫酸铜1.5g。在饲料中添加硫酸铜，每千克添加250mg。

锌缺乏症：每日肌内注射碳酸锌2 ～ 4mg/kg体重一次，连续使用10日。

第十一节　佝偻病和软骨病

藏猪佝偻病和软骨病都属于藏猪钙磷代谢紊乱以及

维生素D缺乏所致疾病，对藏猪的骨骼影响较大。

【发病原因】佝偻病是由于幼年藏猪软骨骨化障碍，骨基质钙盐沉积不足所导致。而软骨病是成年藏猪骨内骨化完成后，由于钙磷代谢障碍导致的骨内脱钙、骨质疏松。两者的发病原因相似，区别在于佝偻病是发生在幼年藏猪，而软骨病发生在成年藏猪。

【临床特征】病猪消化紊乱、异嗜、跛行，严重者可发生骨骼变形。

【诊断要点】机体消瘦、跛行、关节肿大以及骨骼变形的症状，常作为佝偻病和软骨病的诊断依据；也可检测血钙水平，如血钙浓度降低伴随上述症状，即可确诊为佝偻病或软骨病。

【防治要点】补充钙制剂：仔猪内服碳酸钙或乳酸钙溶液，成年猪可单纯补充骨粉。

补充维生素D：内服鱼肝油，或肌注维生素D_2。

第十二节　低血糖症

藏猪低血糖症是因饥饿导致体内储备的糖原耗竭而引起的一种营养代谢病，特征是血糖显著降低，血液非蛋白氮含量明显增多，呈现迟钝、虚弱、惊厥、昏迷等症状，最后死亡。常发生于仔猪。

【发病原因】藏猪进食或吮乳不足是此病的主要病因，溶血性贫血、消化不良等是发病的次要原因，低温、寒冷或空气湿度过高使机体受寒是本病的诱因。肠道感染如大肠杆菌病、链球菌病、传染性胃肠炎导致糖类吸收减少，也可诱发本病。

【临床特征】病猪精神沉郁，四肢无力或卧地不起，肌肉震颤，步态不稳，躯体出现摇摆症状，运动失调，颈下、胸腹下及后肢等处有浮肿。

【诊断要点】根据藏猪的进食情况结合临床症状进行诊断，如发现近期进食或者吮乳减少，或者哺乳母猪奶量差，即可判断。必要时可检查血糖，如血糖水平低于正常（90 ～ 130mg/dL），即可确诊。

【防治要点】仔猪发生低血糖应及时补糖：10%葡萄糖液20 ～ 40mL，腹腔或皮下分点注射，每隔4h 一次，连用2d，效果良好。也可口服20%的葡萄糖液5 ～ 10mL，1天3次，连服3d。

成年藏猪低血糖应单独饲喂，增加采食量，并治疗原发病。

第十三节　营养性贫血

藏猪由于造血物质缺乏引起单位容积中的红细胞数量、血红蛋白和红细胞压积低于正常值的综合征称为营养性贫血。

【发病原因】血红素合成障碍：血红素合成所需原料，如铁、铜、维生素B_6，任何一种缺乏都会影响血红蛋白的合成而使猪发生贫血。

核酸合成障碍：由缺乏维生素B_{12}、钴、叶酸和烟酸引起。

【临床特征】多呈现慢性经过，可见病猪眼结膜苍白，伴有消瘦、虚弱无力、发育迟缓、精神不振、食欲减退和异食等症状。

【诊断要点】根据病猪的病史和生活史全面调查，特别是动物的营养情况。

【防治要点】重点是补充缺乏的造血物质，缺铁补充硫酸亚铁，缺铜补充硫酸铜，缺钴补充维生素B_{12}和硫酸钴。

第十四节　异食症

藏猪因环境、营养、内分泌、遗传等因素引起的四处舔食、啃咬无营养价值物品的现象称为异食症，常见于猪只之间相互啃咬。

【发病原因】营养元素如铁、铜、锰、钴、钠、硫、钙、磷、镁的缺乏，尤其是钠缺乏，是异食症发生的常见原因。某些蛋白质、氨基酸、维生素A和B族维生素的缺乏也可引发异食症。

【临床特征】初期，患病藏猪消化不良，随后出现味觉异常和异食。病猪舔食、啃咬、吞咽被粪便污染的食物及垫草，舔食墙壁、食槽、砖瓦块、煤渣、破布等无法消化的物品，发展为胃内异物及肠道阻塞；贫血，消瘦，皮肤被毛干燥无光，耳和尾因被啃食而受伤。

【诊断要点】根据病猪出现啃食除饲粮以外的异物如垫草、墙壁、食槽等可判断为异食症。

【防治要点】使用全价饲料，做好饲养管理，满足藏猪的营养需要。查明病因，及时对症治疗。

改善动物福利，避免高密度饲养，及时剪尾、去势。

第十五节　应激综合征

藏猪受到内外环境因素的刺激后所发生的功能障碍和防御性应答反应，会导致藏猪抗病力、生产性能下降和免疫失败，严重的可导致藏猪死亡。

【发病原因】环境因素如刺激或惊吓、长途运输、温度过冷或过热、疫苗注射、仔猪去势和断奶及体内维生素和微量元素的缺乏都会导致藏猪的应激。

【临床特征】

（1）猝死性应激综合征　当猪受到强应激源刺激时，常无任何临诊病症而突然死亡。死后无明显病变。部分病猪会出现消化道损伤，如胃溃疡和急性肠水肿。

（2）恶性高热综合征　病猪体温过高，皮肤潮红，严重者肌肉僵硬、呼吸困难、心搏过速、过速性心律不齐直至死亡，多发于拥挤的猪舍和炎热的季节。

【诊断要点】根据病藏猪的病史和生活史进行调查，近期接触过强烈应激源的猪应高度怀疑。

【防治要点】加强遗传育种和繁殖工作，逐步淘汰应激易感藏猪。尽量减少饲养管理等各方面的应激因素对藏猪产生压迫感而致病。藏猪发病时可使用镇静剂（如氯丙嗪、安定等）并补充硒和维生素E，从而降低应激所致的死亡率。

附录一

一、二、三类动物疫病病种名录

一、二、三类动物疫病病种名录见附表1。

附表1　一、二、三类动物疫病病种名录

<table>
<tr><td colspan="2">一类动物疫病（11种）</td><td>口蹄疫、猪水疱病、非洲猪瘟、尼帕病毒性脑炎、非洲马瘟、牛海绵状脑病、牛瘟、牛传染性胸膜肺炎、痒病、小反刍兽疫、高致病性禽流感</td></tr>
<tr><td rowspan="7">二类动物疫病（37种）</td><td>多种动物共患病（7种）</td><td>狂犬病、布鲁氏菌病、炭疽、蓝舌病、日本脑炎、棘球蚴病、日本血吸虫病</td></tr>
<tr><td>牛病（3种）</td><td>牛结节性皮肤病、牛传染性鼻气管炎（传染性脓疱外阴阴道炎）、牛结核病</td></tr>
<tr><td>绵羊和山羊病（2种）</td><td>绵羊痘和山羊痘、山羊传染性胸膜肺炎</td></tr>
<tr><td>马病（2种）</td><td>马传染性贫血、马鼻疽</td></tr>
<tr><td>猪病（3种）</td><td>猪瘟、猪繁殖与呼吸综合征、猪流行性腹泻</td></tr>
<tr><td>禽病（3种）</td><td>新城疫、鸭瘟、小鹅瘟</td></tr>
<tr><td>兔病（1种）</td><td>兔出血症</td></tr>
</table>

续表

二类动物疫病（37种）	蜜蜂病（2种）	美洲蜜蜂幼虫腐臭病、欧洲蜜蜂幼虫腐臭病
	鱼类病（11种）	鲤春病毒血症、草鱼出血病、传染性脾肾坏死病、锦鲤疱疹病毒病、刺激隐核虫病、淡水鱼细菌性败血症、病毒性神经坏死病、传染性造血器官坏死病、流行性溃疡综合征、鲫造血器官坏死病、鲤浮肿病
	甲壳类病（3种）	白斑综合征、十足目虹彩病毒病、虾肝肠胞虫病
三类动物疫病（126种）	多种动物共患病（25种）	伪狂犬病、轮状病毒感染、产气荚膜梭菌病、大肠杆菌病、巴氏杆菌病、沙门氏菌病、李氏杆菌病、链球菌病、溶血性曼氏杆菌病、副结核病、类鼻疽、支原体病、衣原体病、附红细胞体病、Q热、钩端螺旋体病、东毕吸虫病、华支睾吸虫病、囊尾蚴病、片形吸虫病、旋毛虫病、血矛线虫病、弓形虫病、伊氏锥虫病、隐孢子虫病
	牛病（10种）	牛病毒性腹泻、牛恶性卡他热、地方流行性牛白血病、牛流行热、牛冠状病毒感染、牛赤羽病、牛生殖道弯曲杆菌病、毛滴虫病、牛梨形虫病、牛无浆体病
	绵羊和山羊病（7种）	山羊关节炎/脑炎、梅迪-维斯纳病、绵羊肺腺瘤病、羊传染性脓疱皮炎、干酪性淋巴结炎、羊梨形虫病、羊无浆体病
	马病（8种）	马流行性淋巴管炎、马流感、马腺疫、马鼻肺炎、马病毒性动脉炎、马传染性子宫炎、马媾疫、马梨形虫病

续表

<table>
<tr><td rowspan="6">三类动物疫病（126 种）</td><td>猪病（13 种）</td><td>猪细小病毒感染、猪丹毒、猪传染性胸膜肺炎、猪波氏菌病、猪圆环病毒病、格拉瑟病、猪传染性胃肠炎、猪流感、猪丁型冠状病毒感染、猪塞内卡病毒感染、仔猪红痢、猪痢疾、猪增生性肠病</td></tr>
<tr><td>禽病（21 种）</td><td>禽传染性喉气管炎、禽传染性支气管炎、禽白血病、传染性法氏囊病、马立克病、禽痘、鸭病毒性肝炎、鸭浆膜炎、鸡球虫病、低致病性禽流感、禽网状内皮组织增殖病、鸡病毒性关节炎、禽传染性脑脊髓炎、鸡传染性鼻炎、禽坦布苏病毒感染、禽腺病毒感染、鸡传染性贫血、禽偏肺病毒感染、鸡红螨病、鸡坏死性肠炎、鸭呼肠孤病毒感染</td></tr>
<tr><td>兔病（2 种）</td><td>兔波氏菌病、兔球虫病</td></tr>
<tr><td>蚕、蜂病（8 种）</td><td>蚕多角体病、蚕白僵病、蚕微粒子病、蜂螨病、瓦螨病、亮热厉螨病、蜜蜂孢子虫病、白垩病</td></tr>
<tr><td>犬猫等动物病（10 种）</td><td>水貂阿留申病、水貂病毒性肠炎、犬瘟热、犬细小病毒病、犬传染性肝炎、猫泛白细胞减少症、猫嵌杯病毒感染、猫传染性腹膜炎、犬巴贝斯虫病、利什曼原虫病</td></tr>
<tr><td>鱼类病（11 种）</td><td>真鲷虹彩病毒病、传染性胰脏坏死病、牙鲆弹状病毒病、鱼爱德华氏菌病、链球菌病、细菌性肾病、杀鲑气单胞菌病、小瓜虫病、黏孢子虫病、三代虫病、指环虫病</td></tr>
</table>

续表

三类动物疫病（126种）	甲壳类病（5种）	黄头病、桃拉综合征、传染性皮下和造血组织坏死病、急性肝胰腺坏死病、河蟹螺原体病
	贝类病（3种）	鲍疱疹病毒病、奥尔森派琴虫病、牡蛎疱疹病毒病
	两栖与爬行类病（3种）	两栖类蛙虹彩病毒病、鳖腮腺炎病、蛙脑膜炎败血症

附录二

仔猪常见疾病的症状

仔猪常见疾病的症状见附表2。

附表2　仔猪常见疾病的症状

常见疾病	症状
消化道疾病	仔猪黄痢：多发生于1周龄内（3～7日龄），以剧烈腹泻、拉黄色或黄白色水样粪便为主要临床症状 仔猪白痢：10～30d的仔猪易感，排乳白色或灰白色浆状、糊状粪便，发病率高 病毒性腹泻：呕吐、水样腹泻，脱水日龄越小，症状越严重，哺乳仔猪死亡率达50%～100% 便秘：由肠内容物停滞、水分被吸收而造成。饮水不足、运动不足，或者突然换饲料、气温变化大，或者长期在饲料中加抗菌类药物等都会导致便秘
呼吸道疾病	连续咳嗽或打喷嚏，呼吸速度加快，部分病猪呼吸困难 体况下降 无精打采，反应迟钝 扎堆

续表

常见疾病		症状
恶习	啃墙	墙/设备上有牙印，地上有散落的墙皮
	仔猪咬斗	耳根或耳尖疼痛或肿胀 耳根或耳尖结痂，一头猪咀嚼另一头猪的耳朵 骚乱、噪声或打斗 被咬的猪尖叫 咬尾的猪追赶其他猪 猪舍有血腥味
猪流感		病猪表现为突然发热，体温升高达 40 ～ 42℃，精神高度沉郁，眼结膜潮红，卧地不起，寒颤，关节疼痛，行走无力，不食。流黏液性鼻涕，咳嗽，喘气，腹式呼吸，呼吸困难。粪便干硬，尿少色黄
仔猪抖抖病		仔猪出生不久后，全身或局部肌肉阵发性痉挛。病因复杂，受遗传、病毒、环境影响。患该病的仔猪因吃不上奶、行动困难，常常被饿死、压死等，所以该病的存活率与精心护理程度有密切关系，通过饲养管理、精心看护才能提高存活率
贫血病		患病仔猪表现为食欲不振，生长缓慢，精神沉郁，机体消瘦、衰弱，不喜欢运动，腹泻或便秘等

附录三

保育猪常见疾病的症状

保育猪常见疾病症状见附表3。

附表3 保育猪常见疾病的症状

常见疾病		症状
腹泻		病猪无精打采，反应迟钝。腹部凹陷，皮肤无血色，臀部脏，地面、墙面等处有稀便，环境中有腹泻的臭味。病猪体重和体质下降，脱水虚弱。粪便中一般带血，黏液较多
呼吸道疾病		保育猪常见的呼吸系统疾病具有一定的共性，例如，咳嗽或连续咳嗽，打喷嚏；呼吸速度加快，呼吸困难，鼻周围有黏液或脓液；体况下降，脊柱突出；精神萎靡，无精打采，反应迟钝
恶习	吮吸肚脐	吮吸其他猪只的肚脐，导致肚脐红肿
	咬尾	被咬猪只后部出血；被咬猪只发出尖叫；环境中有血腥味
	咬耳	耳根或耳尖疼痛或肿胀，出血后结痂。猪舍中出现骚乱、噪声或打斗现象

续表

常见疾病	症状
猪渗出性皮炎	常发于 1 ～ 6 周龄的幼猪。头、耳和颈部有发暗的油脂斑。通常在 1 ～ 2d 内蔓延至全身表皮
脑膜炎	猪站立时头歪向一侧，出现转圈行为或步伐不稳，普遍缺乏平衡性和协调性。病猪常常颤抖，毛直立，病猪侧卧，四肢呈游泳状划行，眼睛忽动忽停

注：参考喻正军，温志斌，李伦勇.猪海拾贝・保育育肥舍系统管理[M].北京：中国农业科学技术出版社，2017.

附录四

育肥猪常见疾病的症状

育肥猪常见疾病的症状见附表4。

附表4　育肥猪常见疾病的症状

疾病分类	常见症状	原因	措施
呼吸道疾病	咳嗽或打喷嚏	饲养密度过大	做好环境卫生，及时清扫圈舍，使用漏缝地板，及时清理垫料，做好圈舍保暖和通风
	呼吸加快或呼吸困难	温度、湿度高	
	鼻子周围有黏液或流黏液	氨气浓度高	
	体重下降，脊柱突起	饲养环境通风不良、粉尘多	
	精神沉郁，发呆，反应迟钝	多种细菌、病毒、寄生虫感染	
	拥挤或扎堆	昼夜温度变化过大	
咬尾	猪的后背、墙壁、设备上有血	饲养密度过大，饲料缺少微量元素，采食和饮水不足及各种原因造成的应激均可使咬尾发生	减少饲养密度，加强饲养管理，提供充足全价饲料，及时断尾、去势，减少猪只争斗
	猪相互咬尾，并流血		
	被咬的猪尖叫		
	猪之间追逐		
	猪舍中有血腥味		

续表

疾病分类	常见症状	原因	措施
跛腿	跛行，僵直，移动缓慢或不能起身	外伤，摔伤或刮粪板夹伤；链球菌、副猪嗜血杆菌、支原体感染	将病猪转出，单独饲养，肌注抗生素，伤口喷洒抗生素，补充钙、磷、维生素D
	关节或蹄部肿胀		
	擦伤、疼痛、伤口或脓肿		
	病猪或伤猪典型的叫声		
消化系统疾病	地面、猪栏或设备上有水样粪便	病原微生物感染（流行性腹泻病毒、传染性胃肠炎病毒、猪密螺旋体、沙门氏菌、大肠杆菌等），或饲料污染、霉变，配方改变，水源污染，环境卫生差	消灭老鼠、苍蝇、蚊子、蟑螂等。 饲料定期检查，清除霉变和污染饲料，圈舍定期消毒，做好环境卫生
	猪后半身和栏内其他猪只身上有粪便附着		
	粪便颜色异常或粪便中有黏液或血		
	气味异常，难闻		
	猪精神沉郁、反应迟钝		
	体重迅速下降，消瘦，可见肋骨痕迹		
脱肛	受影响的猪臀部和其他猪头部和身上有血液	长期便秘、剧烈腹泻	手术缝合、肌注抗生素，隔离，单独饲养，伤口清理消毒
	猪栏或设备上有血液		
	鲜红色的直肠内膜外翻		

注：参考喻正军，温志斌，李伦勇.猪海拾贝·保育育肥舍系统管理[M].北京：中国农业科学技术出版社，2017.

附录五

母猪常见疾病的症状

母猪常见疾病的症状见附表5。

附表5　母猪常见疾病的症状

常见疾病		症状
子宫内膜炎		发情反常、消瘦、屡配不孕，直接导致繁殖能力下降，产后食欲不振、体温偏高、呼吸加快，同时外阴流出淡黄色或者灰白色黏性脓液，多数黏附于尾根及阴部周围，并散发出恶臭气味
乳房问题	乳腺炎（简单型）	出现一个或多个肿胀、疼痛的乳房，病症可能自己消失或变成慢性，甚至仔猪断奶后乳房仍肿胀、坚硬、冰冷，通常没有痛觉，乳房常分泌脓汁
	乳腺炎（毒血型）	乳房皮肤紫色、坏疽，通常会引起母猪死亡
	无乳综合征	在产后母猪呈病态，食欲减退，分泌少许乳汁，乳房肿胀、发热和稍有痛觉，乳房内的实质感觉坚硬，母猪常以胸部着地躺下，不让仔猪吮吸
	泌乳障碍综合征	母猪兴奋不安；有的乳房坚实，充满乳汁，但是没有泌乳。对仔猪尖锐牙齿吮吸乳房所造成的疼痛非常敏感，不让仔猪吮吸，部分母猪乳头病变阻止乳汁排出

续表

常见疾病	症状
阴道炎	阴唇肿胀，有时可见溃疡，手触摸阴唇时母猪表现有疼痛感。阴道黏膜肿胀、充血，肿胀严重时手伸入即感困难，并有热痛或干燥之感。病猪常呈排尿姿势但尿量很少，常努责，排出有臭味的暗红色黏液，并在阴门周围干固形成黑色痂皮，检查阴道时可见黏膜上被覆一层灰黄色薄膜
胎衣不下	胎衣不下时，母猪不安、喜饮水、努责、食欲减退或废食，有时母猪阴门内流出红褐色液体，其内常混有分解的胎衣碎片
恶露不止	从阴门排出大量灰红色或黄白色有臭味的黏液性或脓性分泌物，严重者呈污红色或棕色，有的猪场后备母猪也有发生
子宫脱出	病猪子宫一角或两角的一部分脱出，其黏膜呈紫红色，血管易破裂，有的流出鲜红的血液，不久子宫完全脱出。脱出时间长时，子宫黏膜瘀血、水肿，脱出的子宫呈暗红色，易黏附泥土、草末、粪便。病猪出现严重的全身症状，其体温升高，心跳和呼吸加快
产后瘫痪	病猪站立困难，后躯摇摆，行走谨慎，肌肉有疼痛反应，食欲锐减或拒食，大便干燥或停止排便，小便赤黄，体温正常或略偏低，缺奶或无奶。病后期患猪反应迟钝或丧失知觉，四肢瘫痪，精神萎靡，呈昏睡状态

续表

常见疾病	症状
产后跛行	患猪精神沉郁，后躯摇晃、对刺激不敏感。尿液呈黄色，粪干呈羊粪球状。饮食欲明显下降，泌乳量下降，甚至无乳。四肢站立无力，脚不停颤抖，疼痛尖叫。严重的卧地不起，皮肤溃烂，饮食废绝
产前不食	食欲减退或废绝，精神委顿，体温、呼吸、脉搏均正常，卧地不起或时起时卧，便秘，尿量减少，母猪消瘦
产后不食	产后高热，体温在 40.5 ～ 41℃，猪只不食或少食，精神不振，粪便干燥，尿液发黄，卧地不起，进而出现少乳、无乳，乳腺炎，恶露不尽引起子宫内膜炎，从而导致母猪长期不发情或屡配不孕
产后便秘	精神萎靡不振，食欲减退，饮水欲望增加，呼吸次数增加，卧地不安，频繁地站立、卧下，努责作排便姿势，但只能排出少量粪便，粪便呈干硬的球状，粪便表面包裹大量黏液，部分患病猪还会出现腹痛症状，发病后期肠鸣音消失。听诊能够听到明显的金属音
母猪产后高热	产后体温升高，呼吸急迫，不食，阴户内流出脓性分泌物。乳房红肿明显，有的表现一侧或双侧肿胀，质地坚硬，患部呈青紫色，无乳；也有的乳房肿胀不明显，但仔猪吃奶后，母猪剧烈疼痛，发出尖叫声，拒绝仔猪吸乳

续表

<table>
<tr><th colspan="2">常见疾病</th><th>症状</th></tr>
<tr><td colspan="2">产后低温</td><td>分娩后，在 1 ～ 2d 内会出现体温持续偏低的现象，体温维持在37.5℃以下，采食欲望下降，只能饮用少量水，精神状态低迷，耳尖、四肢末端发凉，身体虚弱，被毛杂乱，全身肌肉震颤，结膜苍白，不愿意行动，长时间卧地不起，泌乳量逐渐下降</td></tr>
<tr><td colspan="2">乙型脑炎</td><td>妊娠母猪突然发生流产，产出死胎、木乃伊胎和弱胎，母猪无明显异常表现</td></tr>
<tr><td rowspan="2">乏情</td><td>后备母猪乏情</td><td>后备母猪到达一定年龄和达到一定体重后不发情、发情征状不明显或安静发情</td></tr>
<tr><td>经产母猪乏情</td><td>母猪断奶后 3 ～ 7d 发情，但部分母猪断奶后半个月甚至一个月不发情，或者是正常发情，但屡配不孕</td></tr>
<tr><td colspan="2">屡配不孕</td><td>母猪正常发情，接受公猪爬跨，但经多次配种后不受孕</td></tr>
<tr><td colspan="2">阴道脱出</td><td>常发生于妊娠后期，一般脱出物约拳头大，呈红色，半球形或球形。初脱时，母猪卧地则阴门张开，阴道黏膜外露，当患猪站立时，脱出部分自行缩回，以后发展为阴道全部脱出，此时脱出的阴道不能自行缩回，其黏膜变为暗红色，常沾污粪便，有的黏膜干裂。病猪精神、食欲大部分正常</td></tr>
<tr><td colspan="2">卵巢囊肿</td><td>患病母猪肥壮，性欲亢进，频繁发情，其外阴充血、肿胀，常流出大量透明的黏性分泌物，但屡配不孕。患病母猪卵巢体积增大、质硬，挤压无痛感</td></tr>
</table>

续表

常见疾病		症状
母猪超期妊娠		超过预产期5d还是不生产的异常妊娠情况。这种情况经常伴有弱胎、死胎
早产		离预产期大概还有10d内的生产现象，这种情况会造成母猪产弱仔，成活率低
流产	配种后流产	配种以后一个月以上到预产期前10d之间的非正常生产现象。初产母猪多发
	隐性流产	配种以后一个月之内发生的不易被发觉的流产。繁殖母猪配种以后的下一个情期没有出现发情的征状，但是间隔了1～2个情期以后却出现了发情
	部分流产	妊娠的中后期母猪突然发热、流产，流产数头以后停止，也有全部流产的
产后尿潴留		也称为母猪产后尿闭症，患病母猪精神沉郁，体温正常，采食减少或无食欲，侧卧在地或呈犬坐姿势，眼结膜潮红，任由仔猪拱动，不断发出呼叫声。腹围逐渐增大，呈胸式呼吸，腹下后部触诊可感膀胱有充盈的积液。有时表现起卧不安，频频举尾、弓腰、努责排尿，每次尿量甚微或排不出尿；有的母猪会拒绝给仔猪哺乳
母猪食仔癖		母猪食仔、咬仔、压仔
母猪产褥热症		母猪产后1～2d体温升高到41～42℃，呼吸急迫，不食，阴户内流出脓性分泌物。乳房红肿明显，有的表现一侧或双侧肿胀，质地坚硬，患部呈青紫色，无乳；也有的乳房肿胀不明显，体温升高，但仔猪吃奶后，母猪剧烈疼痛，发出尖叫声，拒绝仔猪吸乳。此时仔猪由于吃不足或吃不到正常奶水，很快患黄痢病，死亡率高

续表

常见疾病	症状
母猪难产	产程延长，母猪烦躁不安、反复起卧、体力衰竭、进食减少。有的母猪频频努责，不见胎儿产出；有的母猪产下部分仔猪后，努责轻微或者不再努责，长时间静卧
母猪腹胀	母猪采食后肚子变得滚圆，有明显的胃痛感觉，趴卧在地，护着自己的腹部，不肯给仔猪喂奶
母猪尿血	食欲减退，精神沉郁，体温升高，排尿时有疼痛感，排出大量鲜红色尿液

附录六

正常猪群与异常猪群行为表现的区别

正常猪群与异常猪群行为表现的区别见附表6。

附表6　正常猪群与异常猪群行为表现的区别

行为表现	正常猪群	异常猪群
主动接近人	是	否
精神状态	正常	异常兴奋或沉郁、无精打采
是否发出尖叫声	否	是，突然暴躁
是否很快安静	情绪容易平复	否，情绪难以自控
卧姿	侧卧，猪只分布均匀	扎堆休息
呼吸情况	呼吸平稳，无咳嗽	呼吸急促，频率不稳定，咳嗽
采食饮水行为	无争抢打架行为	相互啃咬，抢食
行走	正常姿态	瘸腿，行动不便，缓慢前行

注：参考喻正军，温志斌，李伦勇.猪海拾贝·保育育肥舍系统管理[M].北京：中国农业科学技术出版社，2017.

附录七

健康猪与病猪的识别

健康猪与病猪的识别见附表7。

附表7　健康猪与病猪的识别

项目	健康猪	病猪
体表伤口	无伤口，体表完整	擦伤、破损、出血甚至有伤口
皮肤颜色	干净、有光泽，正常肤色	暗淡、苍白、缺少血色
毛发	整齐平整光滑	粗糙且杂乱
体况	良好、丰满	瘦弱、脊柱突出
腹部	正常，偏饱满	臌胀或凹陷，起伏明显
关节	大小正常，行动连贯，不跛行	肿胀、有伤口，行动表露痛苦神情
鼻镜	潮湿，无鼻涕	干燥或流鼻涕，出血
眼睛	清澈透亮	泪斑、眼黏膜潮红，分泌物偏多
尾巴	向上卷曲有力量	无力下垂
粪便	灰色或褐色，成形	伴有血液或黏液，水状腹泻，或伴有奇怪气味

续表

项目	健康猪	病猪
行走	行走迅速，协调性好	跛行或僵直，弓背，平衡性差
头部姿势	抬头	低头
精神状态	警觉、反应迅速	迟钝、无精打采
躺卧	侧卧、自然舒展	扎堆、时而颤抖
是否合群	合群	离群
体温	正常体温 38.8 ～ 39.0℃	体温升高或降低
呼吸频率	正常频率 30 ～ 40 次 /min，频率正常	频率加快或减缓明显
叫声	猪群发出正常叫声	痛苦的叫声或咳嗽
粪便气味	正常	腹泻时特有的臭味

注：参考喻正军，温志斌，李伦勇.猪海拾贝・保育育肥舍系统管理[M].北京：中国农业科学技术出版社，2017.

附录八

藏猪配套免疫程序

藏猪配套免疫程序见附表8。

附表8　藏猪配套免疫程序

日龄	疫苗种类	剂量	方式
3 日龄	伪狂犬病苗	1 头份	滴鼻
10 日龄	气喘病苗	1 头份	肌注
17 日龄	猪链球菌苗	1 头份	肌注
25 日龄	高效价猪瘟活疫苗	2 头份	肌注
30 日龄	气喘病苗	1 头份	肌注
60 日龄	猪瘟、猪丹毒、猪肺疫三联苗	2 头份	肌注
70 日龄	口蹄疫苗	2 头份	肌注
100 日龄	口蹄疫苗	2 头份	肌注
80 日龄左右	乙脑苗（2 月或 8 月）	1 头份	肌注
90 日龄左右	伪狂犬病苗	2 头份	肌注
100 日龄	乙脑苗（2 月或 8 月）	1 头份	肌注
6 个半月龄	细小病毒灭活苗	1 头份	肌注

续表

日龄	疫苗种类	剂量	方式
7 半月龄	细小病毒灭活苗	1 头份	肌注
配种前	高效价猪瘟病毒活疫苗	4 头份	肌注
产前 20、40d（种公猪不用）	大肠杆菌苗	1 头份	肌注
断奶前 3d	细小病毒苗	1 头份	肌注
每年 2、8 月各一次	乙脑苗	1 头份	肌注
每年 3、9 月各一次	猪瘟苗	4 头份	肌注
每年 3、9 月各一次（猪瘟免疫 7d 后进行）	口蹄疫苗	3 头份	肌注
每年 4、10 月各一次	伪狂犬病苗	2 头份	肌注

附录九
藏猪场推荐使用的消毒药及其用法

藏猪场推荐使用的消毒药及其用法见附表9。

附表9　藏猪场推荐使用的消毒药及其用法

<table>
<tr><th>类别</th><th>名称</th><th>常用浓度</th><th>用法</th><th>消毒对象</th></tr>
<tr><td rowspan="2">碱类</td><td>NaOH</td><td>1%～5%</td><td>浇洒</td><td>空栏消毒、环境消毒</td></tr>
<tr><td>CaO（生石灰）</td><td>10%～20%</td><td>刷拭</td><td>环境消毒</td></tr>
<tr><td rowspan="2">酚类</td><td rowspan="2">复合酚</td><td>1∶100</td><td>喷洒</td><td>发生疫情时栏舍环境强化消毒</td></tr>
<tr><td>1∶300</td><td>喷洒</td><td>空栏消毒、载畜消毒、消毒池消毒</td></tr>
<tr><td rowspan="3">醛类</td><td rowspan="2">福尔马林</td><td>40%，15mL/m^3</td><td>熏蒸24h</td><td>空栏消毒后的猪舍</td></tr>
<tr><td>2%～10%</td><td>喷洒</td><td>畜舍内外环境消毒</td></tr>
<tr><td>戊二醛</td><td>2%</td><td>浸泡</td><td>手术器械消毒</td></tr>
<tr><td rowspan="3">季铵盐类</td><td>新洁尔灭</td><td>0.1%</td><td>浸泡</td><td>皮肤消毒及手术器械浸泡消毒</td></tr>
<tr><td rowspan="2">百毒杀</td><td>1∶500</td><td>喷雾</td><td>畜舍内外环境消毒、载畜消毒</td></tr>
<tr><td>1∶（100～300）</td><td>喷雾</td><td>畜舍内外环境消毒、载畜消毒</td></tr>
</table>

续表

类别	名称	常用浓度	用法	消毒对象
酸类	灭毒净	1 ∶ 500	喷雾	畜舍内外环境消毒、载畜消毒
卤素类	碘酊、络合碘	1%	喷雾	畜舍内外环境消毒、载畜消毒
		2% ～ 5%	外用	皮肤及创伤消毒
		50 ～ 100mg/L	喷雾	畜舍内外环境消毒、载畜消毒
氧化剂	高锰酸钾	0.1%	浸泡	皮肤及创伤消毒
	过氧乙酸	0.5%	喷雾	畜舍内外环境消毒
		5%	蒸熏	
		0.01%	浸泡	饮水管道消毒

注：参考喻正军，温志斌，李伦勇.猪海拾贝·分娩舍系统管理[M].北京：中国农业科学技术出版社，2017。

参考文献

[1] 贾荣玲，刘耀东，路鑫. 猪德尔塔冠状病毒病的诊断与防治[J]. 河南农业，2018，485（33）：47-48.

[2] 于新友，李天芝. 我国猪德尔塔冠状病毒病的流行情况及分子生物学检测方法研究进展[J]. 猪业科学，2019，36（9）：98-101.

[3] 郑丽，李秀丽，鄢明华，等. 猪德尔塔冠状病毒TJ1株的分离鉴定及生物学特性分析[J]. 中国畜牧兽医，2018，45（1）：219-224.

[4] 胡湘云，钟静宁. 猪德尔塔冠状病毒的病原学和流行病学研究进展[J]. 当代畜牧，2022，486（8）：40-43.

[5] 牛江婷，张华，伊淑帅，等. 猪流行性腹泻病毒拮抗干扰素产生的分子机制研究进展[J]. 中国预防兽医学报，2018，40（1）：87-90.

[6] 郭洪然. 猪流感的诊断与防治[J]. 养殖与饲料，2022，21（2）：58-60.

[7] 杨晓霞. 猪流感的危害、临床症状、药物治疗及免疫预防[J]. 现代畜牧科技，2021，73（1）：98-99.

[8] 于勇，张俊霞. 猪戊型肝炎的流行病学及防控措施[J]. 养殖与饲料，2021，20（9）：104-105.

[9] 贡嘎，达娃卓玛，索朗斯珠. 西藏地区藏猪戊型肝炎病毒流行情况分析[J]. 畜牧兽医科技信息，2019，514（10）：12-13.
[10] 张生利. 猪繁殖与呼吸综合征的诊治[J]. 中国畜禽种业，2022，18（4）：102-103.
[11] 王海梅. 猪繁殖与呼吸综合征的防控[J]. 山东畜牧兽医，2020，41（7）：32 ～ 35.
[12] 谢禄松. 猪圆环病毒病的诊断及预防措施[J]. 中国畜禽种业，2022，18（7）：107-109.
[13] 高德臣. 猪圆环病毒病的诊断与防治[J]. 中国畜禽种业，2022，18（5）：164-165.
[14] 崔煜坤，李相安，李克鑫，等. 猪伪狂犬病的流行病学、临床症状及防控措施[J]. 猪业科学，2021，38（2）：101-104.
[15] 黎金荣，关蕴，武文博，等. 当前非洲猪瘟流行状况、诊断及防控措施[J]. 广东畜牧兽医科技，2019，44（4）：1-5+17+51-52.
[16] 覃世福. 非洲猪瘟的综合防控措施[J]. 农家参谋，2022，727（9）：96-98.
[17] 徐善之，田质高，陈飞. 非洲猪瘟的流行、诊断及综合防控[J]. 畜牧兽医科技信息，2018，494（2）：4-6.
[18] 顾馨，高春起. 非洲猪瘟的致病机理及其防控措施研究进展[J]. 黑龙江畜牧兽医，2020，607（19）：31-35+167.

[19] 王博. 猪口蹄疫临床症状及综合防治[J]. 农家参谋，2021，710（22）：137-138.

[20] 胡顺锋. 浅谈猪口蹄疫流行病学、诊断与防制[J]. 中国畜禽种业，2019，15（3）：171.

[21] 杨忠宝，王金纪. 猪水疱病的防治[J]. 山东畜牧兽医，2020，41（10）：27+31.

[22] 易东全. 猪水疱病的诊断与防制措施[J]. 当代畜禽养殖业，2020，448（1）：36-37.

[23] 郝刚. 猪水疱病的临床症状、诊断以及防治措施[J]. 现代畜牧科技，2022，88（4）：112-113.

[24] 王祎，杨磊. 猪弓形虫病的研究进展[J]. 畜牧兽医科技信息，2022（11）：10-12.

[25] 袁英，刘艳成，李广东，等. 猪弓形虫病诊断技术的研究进展[J]. 北方牧业，2022（21）：21.

[26] 王康凌，谢瑞海，顾邦华. 猪弓形虫病的综合防治体会[J]. 中国动物保健，2022，24（8）：5-6.

[27] 于正杰. 我国南方人工养殖果子狸中微孢子虫、贾第虫和隐孢子虫的分布特征[D]. 广州：华南农业大学，2023.

[28] 但孝钰. 广东犬猫中十二指肠贾第虫和毕氏肠微孢子虫的基因型分布特征[D]. 广州：华南农业大学，2023.

[29] 黄亚强. 开封市犬源隐孢子虫病和毕氏肠微孢子虫病流行病学调查及防制[D]. 郑州：河南农业大学，2020.

[30] 王振玲，田锦，张浩，等. 藏猪弓形虫病的病理组织学观察[J]. 山东畜牧兽医，2018，39（6）：43-44.

[31] 常艳凯. 西藏地区羊肠道寄生虫流行病学研究与人兽共患风险分析[D]. 郑州：河南农业大学，2019.

[32] 杜海利. 河南省猪、羊毕氏微孢子虫病分子流行病学调查及遗传特征初步研究[D]. 郑州：河南农业大学，2014.

[33] 贡嘎，普琼，落桑阿旺，等. 西藏部分地区藏猪弓形虫血清学调查研究[J]. 中国畜牧兽医文摘，2013，29（2）：126+158.

[34] 王振玲，肖西山，付敬涛，等. 藏猪感染弓形虫诊断病例[J]. 黑龙江畜牧兽医，2012（18）：107.

[35] 王振玲，杨利锋，王金秋，等. 藏猪感染弓形虫病例分析[C]. 兰州：第三届中国兽医临床大会，2012.

[36] 黄静敏，柯碧霞，何冬梅，等. 广东地区类鼻疽伯克霍尔德菌耐药特征及分子流行病学分析[J]. 中国公共卫生，2021，37（11）：1641-1646.

[37] 钟成望，郑婉婷，肖莎. 我国类鼻疽病的流行病学特征及诊疗的研究进展[J]. 中国热带医学，2020，20（11）：1104-1107.

[38] 田培生，信丽双，田培东. 家畜类鼻疽的诊断和防控[J]. 畜牧兽医科技信息，2017（6）：37.

[39] 王治才，赵俊亮，赵华林，等. 动物类鼻疽的流行病学、诊断及其防治[J]. 草食家畜，2016（3）：1-6.

[40] 郭晶华. 家畜类鼻疽的剖检变化与诊断[J]. 养殖技术顾问，2014（3）：128-129.

[41] 王茂森，郭健，逯春香. 兽医传染病学研究[M]. 银川：宁夏人民出版社，2020.

[42] 徐尧，李果，张琴，等. 猪肉产业链中单核细胞增生李斯特菌的流行病学研究进展[J]. 中国人兽共患病学报，2022，38（9）：839-842.

[43] 陈思思. 单核细胞增生李斯特菌沿猪肉产业链传播规律的研究[D]. 扬州：扬州大学，2020.

[44] 孙昕宇. 生猪屠宰环节单核细胞增生李斯特菌分离株的分子亚分型研究[D]. 扬州：扬州大学，2018.

[45] 董敏. 家畜肠球菌病的分析诊断和治控要点[J]. 饲料博览，2019（6）：77.

[46] 董彝. 实用猪病临床类症鉴别[M]. 北京：中国农业出版社，2008.

[47] 王亚宾. 猪肠球菌病病原分离鉴定及其分子致病机制研究[D]. 郑州：河南农业大学，2009.

[48] 杨龙斌，毛天骄，吴华健，等. 江淮地区猪链球菌和肠球菌分离株的鉴定、分型及药物敏感性分析[J]. 中国预防兽医学报，2019，41（2）：131-137.

[49] 陈昌海，任雪枫，高升，等. 副猪嗜血杆菌病的诊断及防控（下）[J]. 农家致富，2022（18）：37.

[50] 孙丽娟，路婷. 副猪嗜血杆菌病诊断及防控措施[J]. 畜牧兽医科学（电子版），2022（6）：124-125.

[51] 包国祥，李生福. 猪链球菌病的诊断与防治[J]. 山东畜牧兽医，2023，44（1）：39-40+44.

[52] 郭志文. 生猪养殖场猪链球菌病的防治[J]. 中国动物保健，2022，24（9）：7-8.

[53] 刘敏. 猪链球菌病的流行病学、临床特征、诊断及防控措施[J]. 现代畜牧科技，2020（5）：58-59.

[54] 刘建柱，牛绪东. 猪病鉴别诊断图谱与安全用药[M]. 北京：机械工业出版社，2017.

[55] 徐绍山. 猪传染性萎缩性鼻炎的流行病学、临床特征、诊断与防控[J]. 现代畜牧科技，2021（9）：103-104.

[56] 孙鹏. 猪传染性萎缩性鼻炎的流行病学、临床症状、实验室诊断与防控[J]. 现代畜牧科技，2021（1）：100-101.

[57] 晋凤菊，马金芬. 猪传染性萎缩性鼻炎症状及防控[J]. 畜牧兽医科学（电子版），2021（2）：68-69.

[58] 张廷胜，张承帆. 地塞米松配青霉素治疗猪传染性萎缩性鼻炎[J]. 中兽医学杂志，2011（1）：55.

[59] 任艳颖. 猪副伤寒病临床症状及治疗方法[J]. 畜牧兽医科学（电子版），2022（13）：90-92.

[60] 王鑫玉. 猪副伤寒的流行病学、临床症状、鉴别诊断及防治措施[J]. 现代畜牧科技，2021（5）：86-87.

[61] 陈如兵，陆云宁. 猪丹毒的流行病学、临床症状、鉴别诊断及防控措施[J]. 现代畜牧科技，2022（1）：99-100.

[62] 刘强. 浅谈猪丹毒的流行病学特征与发病机制[J]. 现代畜牧科技，2016（3）：124.

[63] 程华信，朱建章. 关于屠宰检验猪瘟、猪肺疫、猪丹毒、猪结核的流行病学调查[J]. 兽医大学学报，1985（3）：264-267.

[64] 杨子龙. 猪梭菌性肠炎的临床症状、病理变化及防治方法[J]. 畜禽业，2022，33（6）：98-100.

[65] 陶延玲. 猪梭菌性肠炎流行、症状及综合防治[J]. 畜牧兽医科学（电子版），2022（2）：80-81.

[66] 郭焕民. 猪梭菌性肠炎的流行病学、类症鉴别和防控措施[J]. 现代畜牧科技，2019（7）：128-129.

[67] 于治姣. 猪胸膜肺炎的诊断与防治[J]. 新农业，2017（14）：31-32.

[68] 温鹏. 浅谈猪胸膜肺炎[J]. 今日养猪业，2014（4）：53-55.

[69] 李华柱. 猪葡萄球菌病的流行病学、临床症状、诊断和防控措施[J]. 现代畜牧科技，2021（9）：107-108.

[70] 张剑文. 猪葡萄球菌病的病理变化与防治[J]. 养殖技术顾问，2014（3）：148.

[71] 刘淑荣. 猪肺疫的流行病学、临床表现、鉴别诊断与防控措施[J]. 现代畜牧科技，2020（9）：118-119.

[72] 唐德忠. 猪肺疫与猪其他主要呼吸系统疾病的鉴别与诊断[J]. 农业开发与装备，2019（3）：218.

[73] 陈溥言．兽医传染病学[M]．6版．北京：中国农业出版社，2015

[74] 李金元，罗章．西藏高原藏猪生活习性的调查研究[J]．家畜生态，1993，14（1）：4.

[75] 郑志．藏猪——典型的高原型猪种[J]．吉林畜牧兽医，1998，11：18-18.

[76] 杨涛，拉巴次仁，旦增旺久，等．林芝市藏猪规模调运集中饲养状况及藏猪疫病防控对策[J]．湖北畜牧兽医，2018，39（10）：3.

[77] 康润敏，曾凯，吕学斌，等．规模化猪场不同品种猪重要疾病的免疫效果分析[J]．养猪，2013（3）：3.

[78] 邓友田，袁慧．玉米赤霉烯酮毒性机理研究进展[J]．动物医学进展，2007，161（2）：89-92.

[79] 许芝英．猪食盐中毒的防治[J]．养殖与饲料，2018（11）：76-77.

[80] 王浩．猪有机磷农药中毒的诊疗措施[J]．中国动物保健，2022，24（11）：11-12.

[81] 申红梅．猪氟中毒的分类及诊疗措施分析[J]．中国动物保健，2021，23（12）：18+20.

[82] 庞国能．猪亚硝酸盐中毒的诊治方法[J]．特种经济动植物，2021，24（9）：20-21.

[83] 杨凯．动物维生素缺乏症的诊治[J]．中国畜禽种业，2021，17（12）：81-82.

[84] 李三吓. 猪硒和维生素E缺乏症的防治[J]. 吉林畜牧兽医，2022，43（4）：53-55.

[85] 谷树乾. 仔猪佝偻病的发生原因、症状及其综合防治[J]. 现代畜牧科技，2020（9）：155+157.

[86] 李宇，郑培育，韩璐璐，等. 猪软骨病的病因与防治研究[J]. 吉林畜牧兽医，2022，43（12）：37-38.

[87] 林晓红. 仔猪低血糖症的诊断、防治方法[J]. 中国畜牧业，2022（20）：111-112.

[88] 叶春美. 仔猪营养性贫血的症状和防治措施[J]. 中国动物保健，2021，23（6）：23-24.

[89] 梁永刚，郝志鹏. 猪异食癖的发病原因与防治措施[J]. 中国畜禽种业，2022，18（11）：127-129.

[90] 王学峰，经荣斌，宋成义. 猪应激综合征研究进展[J]. 动物科学与动物医学，2001（3）：25-27.

[91] 陈溥言. 兽医传染病学[M]. 北京：中国农业出版社，2006.

[92] 宋铭忻，张龙现. 兽医寄生虫学[M]. 北京：科学出版社，2009.

[93] 喻正军，温志斌，李伦勇. 猪海拾贝 • 保育育肥舍系统管理[M]. 北京：中国农业科学技术出版社，2017.

[94] 喻正军，温志斌，李伦勇. 猪海拾贝 • 分娩舍系统管理[M]. 北京：中国农业科学技术出版社，2017.

[95] 喻正军，温志斌，李伦勇. 猪海拾贝 • 配怀舍系统管理[M]. 北京：中国农业科学技术出版社，2017.

[96] 井波，赵爱云. 兽医传染病学实验实习指导[M]. 北京：冶金工业出版社，2011.

[97] 董海龙，吴庆霞. 西藏动物常见病彩色图谱[M]. 北京：中国农业大学出版社，2021.